让猫咪变得更喜欢你的73种方法

你不懂猫咪

（日）野泽延行 著
王春梅 译

辽宁科学技术出版社
·沈 阳·

篇首语

猫，是我们身边最常见的小动物，然而它们的内心世界却永远是谜一样地存在。朝夕相处以后，我们总是有各种各样的话想对猫咪讲。5年、10年，不管相处了多久，主人都会不厌其烦地对着猫咪碎碎念——我说，你为什么要这样啊？本书中，收集了一些对喵星人的疑问、意见、请求、忠告、感谢等常见于铲屎官之间的话题。在下作为兽医，也作为一个爱猫的男子，希望能够知无不言、言无不尽地解释一下“你家主子为什么是这样一只喵”的问题。

换位思考，就像我们有很多话想对猫咪讲，猫咪其实也有很多话要跟我们说。共同生活的时间越长，相互理解的程度就会日益加深。为了保证你和你家主子能和平相处，必须先保证相互理解。你是否知道喵星人本来的习性和特征？你是否能通过对它性格和习性的了解，感受到它的心情？所以啊，我们这本书不仅包含理论知识，还尽量站在猫的立场给出了相应解答。我接触过的喵星人，远远不止一只两只啊。我从很多很多喵星人那里感受到了它们对人类世界的理解，也通过它们的眼睛看到了我们是什么样的存在。话虽如此，我也并不是猫主子肚子里的蛔虫，本书中的内容不过是一些主子教会给我的东西而已。

能有机会跟猫主子这般可爱的动物一起生活，您可真幸运啊！如果在阅读本书以后，你跟主子的关系更融洽了，那么对于作者来说，真是由衷地喜悦啊！

动物·野泽医院院长

野泽延行

“有点痒呀（小小声说）！”

把小猫放在胸前假寐……隐约感到下巴传来一阵柔软。睁眼一看，是小猫把它的小下巴搭在了我的下巴上，湿漉漉的呼吸喷在我的脸上，感动得一动不敢动！日常的幸福极限。

“对着一面窗户，那么强势给谁看哟！”

干儿子家养了一只猫，喜欢盯着窗外一动不动。顺着它的视线看过去，这一片的猫老大稳坐如山。多亏隔了这一面玻璃，我们家的猫才能器宇轩昂地坐在这里。仔细想想，略心酸。

“就算怕你，也要抱你！”

信赖的猫咪窝在房间一角窥探家里的情形，只要有人靠近就毫不犹豫伸出利爪……“啊！”可是想要抱抱你啊，于是带上烤箱隔热手套再回来。此时此景，心里油然而生的念头是：“至于吗……”

“忍痛花了大价钱……”

配合家具风格，左挑右选买了一个猫窝。但是猫主子感兴趣的不过是装猫窝的纸箱。可能是喜欢纸箱子的手感和味道？反正猫窝始终被冷落一旁。事与愿违啊……

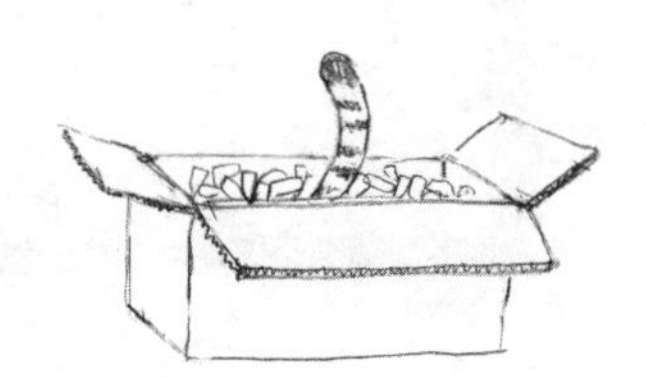

“喜欢指尖吗？”

在指尖上闻一闻，在树枝上蹭一蹭……只要眼前出现了细长的东西，喵星人就忍不住凑上去闻一闻。检查了味道以后，还得用脸蹭一蹭，这是要留下自己的味道吗？偶尔，还会抱着我的手指不放呢。

“看，景色不错吧！”

抱起心爱的猫咪一起眺望窗外的景色，一起对着镜子傻笑，一起站在冰箱门前找吃的。这是不为人知的二人散步。对猫主子来说，也应该不厌烦这种懒散的游荡吧。

目录

第1章　一厢情愿的相思

第 2 章　只有吃喝玩乐，让人羡慕的猫咪生活

第 3 章　真是让人头疼啊

版式设计　吉池康二（ADOS）
插图　Junichi Kato
执笔助理　宫下 真（office M2）
企划・编辑　株式会社童梦

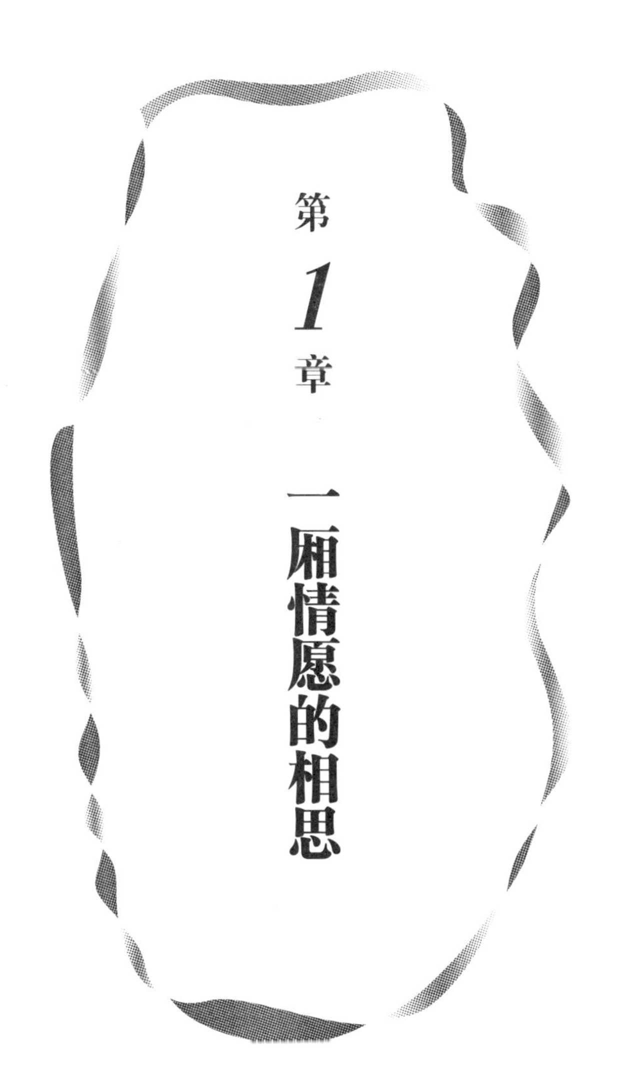

第1章 一厢情愿的相思

“喜欢我，所以要蹭蹭脸吗？”

在我的脚边蹭脸，再蹭一次，再再蹭一次，反复几次之后干脆直接把小脑袋瓜顶了上来。你是觉得这样一来，晚餐就能加菜吗？

“你悄悄地走来蹭一蹭，就是我的小确幸。”

刚在沙发或者床上躺下没一会儿，猫主子就跑来蹭我的脸颊。嘴上说着“好痒啊！”这样的话，心里却因为“被你喜欢”而暗暗欣喜。

主子这种行为，可以说认定了你是它的主人。但遗憾的是——跟喜欢你是两码事儿。说到蹭蹭你这里、蹭蹭你那里，不过是为了在你身上留下“自己的味道”。

喵星人喜欢时刻确保自己的领土范围，所以日常在领地里巡回的工作必不可少，它认为自己的味道就是毋庸置疑的领土标记。对于猫主子来说，你也属于不可侵犯的领土范围，时不时地留下点自己的味道才能安心。

主子的脸颊上和胡须根部，有能分泌出味道（人类感知不到）的臭腺。我们常看到猫咪在家具上、柱子上、我们的指尖、裤脚上蹭来蹭去的行为，其目的都是为了留下自己的味道。同样，主子在墙角小便啊、在树木家具上磨爪子啊等，都属于一种占地盘的行为。虽说对于铲屎官来说，蹭脸这种“无上的荣耀”不过是主子正常的生理行为，但主子也绝对不会在自己讨厌的地方留下味道，所以姑且认为蹭蹭脸就是主子在表达“爱意”吧。

“等我来摸你吗？”

恐怕喵星人能屈尊跟人类一起生活，就是为了能在“需要的时候被摸摸”吧

猫咪喜欢被抚摸。当你手头正好空闲，主子很可能会放下平时高傲的身段，凑到你跟前摆出一副求摸摸的姿态。

当你条件反射般伸出手来，主子还会继续探出下巴、露出肚皮、侧身躺下……好像在无声地要求你“摸摸这里、再摸摸这里”。

几乎所有的猫咪都喜欢被抚摸。因为被人类抚摸的感觉，与小时候被猫妈妈舔遍全身的感觉非常接近。但是，高傲的主子怎么会在人类身边“等待被摸摸”“要求被摸摸”呢？

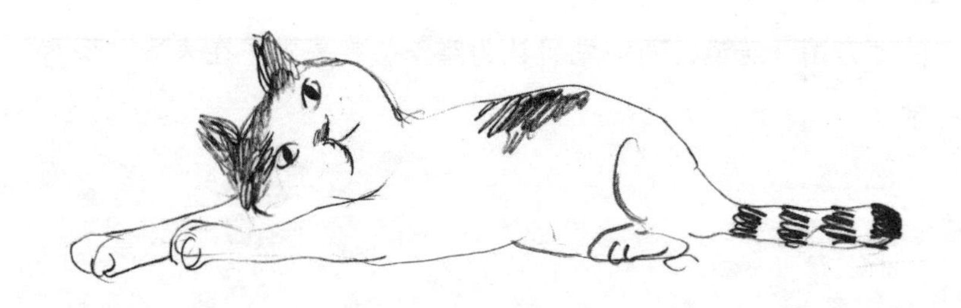

之所以汪星人能听从主人的指示，是因为它们喜欢被人类表扬、习惯感受到被宠爱的乐趣。就这一点来讲，与喵星人有本质的不同。它们永远只能被自己自身的快乐所驱动，仅此而已。

这种行动的背后，还有生理学的原因。猫咪在被抚摸的时候，副交感神经的活动更加活跃、自律神经更加稳定，所以能感受到非常放松的状态。主子甚至会通过舔自己的身体的方式，实现让自己平静下来的目的。同时，人类也能在抚摸柔软的猫咪时，重新找到平和的心态。说心里话，你也是真心喜欢撸猫吧。在这种喜欢"被摸摸"和喜欢"摸摸"的关系链中，铲屎官和主子幸福地生活在一起。

"我说，我都坐在你伸手就能够到的地方了，还不明白啥意思吗？"面对这样一张面孔，还能忍住不伸手吗？

“早安！”

“就算知道这是你的手指，我也要每次都跟你碰碰鼻。”

虽然主子并不擅长跟铲屎官谄媚，但是主子很重视见面时的打招呼啊。

最基本的打招呼方式，就是确认味道。猫咪和猫咪见面的时候，也会用碰碰鼻子、闻闻身体的方式来确认对方的“个人”信息。生活在室外的野猫，要是不小心闯入了陌生喵的领地，就难免遭遇一场恶斗。而如果遇到了“熟人”，可能碰个鼻子、打个招呼就擦肩而过了。

主子跟人类打招呼的时候，通常都是喵喵一叫，或者碰碰鼻子。当你回家的时候，主子会亲自确认你刚刚去了哪里、带了什么味道回来。家里来客人的时候，有些主子也会非常谨慎地一边确认味道一边完成打招呼的仪式。如果主子开始在客人身上留下自己的味道，说明它接受了这位客人呢。

“我回来了。”

“晚安！”

蹲下身体，低到跟猫咪一样的高度，小家伙一定会迎着小脸凑过来，抽动着小鼻子，或许还会呲溜舔一下你呢。

如果你向猫咪伸出一个手指，它一定会过来闻个清楚。明明知道你是谁，但是就是忍不住要过来闻个清楚，然后再顺便留下点自己的味道。这种行为，也是主子打招呼的一种方式。

有没有过在闭目养神时、好梦初醒时，发现主子正在鼻子对着鼻子闻你的时候？直接接触到猫咪湿漉漉的小鼻子，可是铲屎官才有的特权啊！尽情享受这种小小的幸福吧。要问为什么，当然是因为主子在心里认可了你啊！

“这样紧盯不放，人家会害羞呢！”

这时候，主子可能有话要讲，也可能正在放空。无论如何，偶尔的四目相对很让人心动。

令人脸红心跳的视线里，漂浮着虚无缥缈的感情

有时候猫咪会一动不动地盯着铲屎官看。这时候，“主子正在看我”的察觉力至关重要！请反省一下，你有没有沉迷于什么而忘记主子的存在？

在两种情况下，主子才会盯着你看。第一种，确实就是想把细碎的爱意融入眼神中传递给你。例如，看到你貌似孤单寂寞的时候，主子会用眼神关怀你——“还好吗”；看到你有点无所事事的时候，也低调地用眼神关怀你——“无聊的时候有我在陪你哦”。虽然心里有你，但主子并不屑像汪星人一样露骨地表达情绪。作为喵星人，既不想惹你烦恼，也不想自降身段，所以只能站在远处默默地关怀你。

另一种情况，就是看到了什么你看不见的东西。喵星人的感官非常发达，能听到人类听不到的声音、看到人类看不到的物体。只有在专注于自己的感官时，被封印在喵星人体内的野性才能苏醒。能把冷静与兴奋、治愈与杀戮完美地融合在一起的动物，也只有喵星人了吧。

话虽如此，其实大多数的时候主子只是两眼直直地在放空。猫咪之间如果相互直视，是为了表达内心深处敌对的态度，所以四目相对的情况非常少。至于跟铲屎官四目相对嘛，真的只是无心之举。身为铲屎官，害羞啊什么的可以省省了。

“原来你一直在这里！”

“就这么一直静静地等着也无所谓啊，因为被你找到的那一瞬间还真是挺开心。”

一直跟猫咪生活在一起，肯定有“咦，原来你一直在这儿啊”的发现吧。

泡了一个长长的热水澡以后，整理了半天衣橱以后，好不容易坐下喘口气，愕然发现一双注视着自己的眼睛……有些猫咪会守在洗手间门前等主人出来，有些猫咪会跳到阳台窗前守望主人归来，有些猫咪会蹲在玄关处守候主人开门的一瞬间。猫咪并不讨厌等待，长时间保持一种姿势也无所谓。

要是让狗子长时间等待，它一定会不停地转来转去，还会哈哈哈地喘粗气。但是猫咪不会这样。原本喵星人就是埋伏性狩猎的高手，最擅长的技能就是专注于等待机会而不受周围环境的影响。

在室内生活的猫咪，都有自己专属的行动路线和固定窝点，例如，地面凹凸不平的浴室、冬天也热乎乎的智能马桶盖什么的。要是铲屎官也喜欢泡澡，可能喵主子会更钟情于浴室呢。好像在你外出的时候，独自霸占浴室能给猫咪带来超乎寻常的满足感。另外，喵星人也喜欢隔着浴室的磨砂玻璃探究里面的情况。要是你一直不出来，免不了惹主子担心呢。

要是找到称心如意的地方，喵星人待上一辈子也不嫌烦。要是铲屎官也能在身边，那真是美妙的二人（一猫一人）世界了。

“好了好了，这么开心吗？”

要吃奶咯，心情超好！表达满足感的震喉音

我们抚摸猫咪的时候，把它们抱在怀里的时候，软绵绵毛茸茸的小身体里总会发出咕噜咕噜的响声，让我们也能感受到它们的快乐。

猫咪基本上只有在心情非常愉悦、非常放松的时候，才能发出这种特有的咕噜声（也可能是咕噜咕噜、咕噜噜等声音）。猫咪在婴儿阶段，会一边喝着妈妈的奶，一边用这种震喉发出的咕噜声告诉猫妈妈“要吃奶咯，心情超好！”的感受。长大以后，心情好的时候也会自然而然地发出这种声音。

其实，这种咕噜声并不是从猫咪的声带发出的。而是血液流到胸腔里的震动声从喉咙和鼻腔里传了出来，所以我们能感受到它小小的胸膛整个都在震动。当然，猫咪用这种咕噜咕噜的震喉声体现自己的满足感和好心情，也用这种震动表达骨折等疾病所带来的痛苦。

这种震动发出的声音属于20~50赫兹的低频音，据说具有提高治愈能力、增强骨密度、缓解身体疲劳的功效。猫咪究竟是有意识，还是无意识地发出这种震喉音，我们无从得知。时常能听到的咕噜声，其实是我们尚未解开的一个猫之谜。尽管如此，爱猫发出的咕噜声，应该是世界上最强大的治愈音吧。

被摸下巴时，大多数的猫咪都会发出咕噜咕噜的震喉音。甚至有时候主人的手还没碰到自己，猫咪就开始咕噜了。

“您回来了！”甜蜜的暴击

喵喵叫着跑到玄关来迎接铲屎官，顺势一躺露出肚皮开始撒娇。看到这样的场景，一天的疲惫都烟消云散了吧。

喜欢的人回来以后，高兴地跳起猫式肚皮舞

主人终于回来啦！一整天都独自看家的猫咪，情不自禁地跳起了“肚皮舞”。

有些猫咪会直立起尾巴喵喵叫着走过来，也有些猫咪会咚咚咚地跑过来，然后蹭蹭你的脚踝、蹭蹭你的脸。总之就是用尽全身解数来跟你撒娇。有些猫咪尤其对外面的味道感兴趣，仔仔细细地闻你的衣服、提包，再顺便重新留下自己的味道。

垂直竖立起来的尾巴，表达了想要引起你注意、跟你撒娇的情绪。这时候，通常猫咪已经完成了每日排泄大事，浑身轻松舒畅呢。要是猫咪有恃无恐地往地上一躺左右扭动着身体，那可就是龙颜大悦的表现啊！“看我回来这么高兴吗？”作为主人的你，有没有被这种甜蜜暴击直抵胸膛啊？只有在最喜欢的人面前，才会肆无忌惮地露出小肚皮。主人回来的时候，猫咪就是通过这种方式表达自己的愉悦的……从生物学角度说，此时此刻猫咪的副交感神经活跃、自律神经稳定，被笼罩在一片幸福感当中呢。

可以肯定的是，能跟主人分享这种幸福感的猫咪，通常都很长寿。而你有幸以这样的方式跟猫咪在一起生活，也同样得到了大大的满足吧。

“你的冷漠伤到了我的男朋友呢！”

不安、戒备、无视、冷淡……跟恋人初次见面时的严格确认

你第一次带恋人回家的时候，猫咪要么就是充满戒备心地藏起来，要么就是假装看不见地完全无视陌生人存在。这是因为客人带来的空气振幅、玄关的氛围与以往不同，而猫咪则非常敏感地感受到了这种变化。对于猫咪这种略有神经质的小动物来说，“不是快递小哥、不是常来的朋友……来者何人”这种问题是超级令“喵”困扰的！

猫咪稍感不安的时候，首先会产生戒备心理，然后偷偷藏起来。当恋人坐下来以后，它往往仔细观察一段时间以后才会趾高气扬地走进我们的视线，好像终于授予了客人“来跟朕打招呼”的权利。

相反，有时候猫主子就怎么也接受不了客人的存在，于是坚决采取冷淡的无视态度。会导致猫咪反感的事情，有可能是“大声讲话”“氛围混乱、不安静”“试图强行抱猫”“黏在主人身边”“神情可疑”“香水味太大”等。

对于猫咪来说，初次见面的客人都是“自己领地的入侵者”，免不了心生不安。如果是跟你关系很特别的异性，那么猫咪的检查也会“特别”严格哦！

两个人本来好好地在看电影，猫咪忽然闯进视线里来。默不作声的背影，其实是在质疑：“得到朕的许可了吗？”

哎哟喂，猫缘不错哎！
如果你掌握了与猫咪和谐相处的分寸，可能就会收获这样的好人缘哦！

男女喜好不明，但貌似有深得“猫”心的味道

同性朋友来家里做客的时候，猫咪彬彬有礼——既不无礼，也不调皮。

可是初次面对你的恋人时，怎么就会坐立不安呢？跟它搭话，一副不耐烦的样子；伸手要摸摸它，也会被它拍回来……

说到猫咪对人类性别的偏好，据说母猫喜欢被男主人宠爱，公猫则喜欢女主人的怀抱。但从动物学的角度解释，这种说法根本立不住脚。我们甚至不了解猫咪是否能分辨出人类分泌的荷尔蒙。

但是无论男女，确实有那种“猫缘”特别好的人。即使初次接触，猫咪也会守在周围闻个不停，或者干脆直接躺下来认定了这名“铲屎官”。这种人，可能带着“猫咪喜欢的味道”。而且大多数猫缘好的人，都对小动物没什么戒心，所以猫咪也会放心大胆地接近他们。

恋人或者朋友到家里来做客的时候，最需要留神的就是“不要带来其他小动物的味道”。如果客人身上沾满了其他猫猫狗狗的味道，自家猫咪就免不了认定“他是来抢地盘的”！

如果猫主子对着你的恋人低吼，一半原因是“嫉妒”恋人霸占了你的注意力，另一半原因大概就是因为“味道”产生的戒备心理吧。

永远长不大的孩子

小猫为了喝到更多的母乳，会伸出柔嫩的小爪子用力“踩奶”。即使长成“大猫”，这种甜蜜的记忆也会铭刻在心。

左顾右盼地踩来踩去时，满心都是关于妈妈怀抱的甜蜜回忆

“困了的时候会在我肚皮上踩来踩去。”

“我家主子总是在被子上踩来踩去叫我起床。”

没养过猫的人，怕是想象不出这样的画面吧。

前爪踏在柔软的东西上，左右交替着踩来踩去。这种既像踩踏又像揉搓的动作，是猫咪特有的习性，我们俗话叫作“踩奶”。早在小奶猫的时候，小猫就学会了在猫妈妈胸前踩来踩去，这是为了让妈妈分泌出更多的乳汁。但是这种充满甜蜜回忆的事情，渐渐在猫咪的内心深处形成了一种潜意识，以至于长成“大猫”以后还是会在想撒娇的时候，或者困意来袭的时候无意识地重返小奶猫模式。

猫咪时不时地就会在柔软的毛毯上、毛衣上、抱枕上“踩奶”的行为，应该能在“猫咪卖萌排行榜”中排名比较靠前吧。无论几岁的猫咪，身上仍然会残留一些所谓的“幼儿特征”，无限引出主人的保护欲。如果家里的猫咪经常做出“踩奶”的行为，也可以证明猫咪对生活环境感到安心和舒适。

虽然很多“铲屎官”妄想把“踩奶”行为用在肩颈按摩、脚底按摩上，但是很遗憾，是你想多了。

缓慢接近中，偶尔获批进入地盘的权利

第一次养猫的人，一定要端正自己的心态——“请猫主子允许我生活在您的地盘里吧”！

虽然这里曾经是你的家，但是当猫主子用自己的味道完成了对这里的洗礼以后，这里就彻头彻尾地变成了“主子的地盘”。

基本上来说，猫咪属于那种“确保自己的地盘、偏好独居生活”的小动物。猫主子心高气傲，不会轻易地芳心默许，往往以自我为中心特立独行……这些习性都决定了猫咪对“自己地盘”的执着与坚持。

距离比昨天缩短了 10 厘米

昨天，猫咪毛茸茸的身影在视线里一闪而过。今天它又偷偷转移到更近的抱枕旁边。不知道什么时候，主子已经倚在你的身旁睡着了。

如果你了解了主子的习性，会不会对猫主子主动靠近你的行为心怀感激？猫咪守在主人身边的时间越来越长。开始的时候，晚上就盘在床边的椅子上过夜，然后慢慢转移到床边→胸前→枕边→被窝里……真是逐渐霸占了你的位置呢。

彼此之间的距离越来越近，说明猫主子在逐渐授予了你在它的地盘自由进出的权利。在一次又一次喂食以后、一次又一次共同玩耍以后，你们的关系也更加亲密了呢。

直到有一天，你们之间的距离终于消失了！恭喜你，你已经可以跟猫咪共享生活圈了。恐怕这时候，你也没办法再回到没猫的生活了吧。你家主子，应该也是同感呢。

被柔软的猫掌一掌击醒，猫语真是不可思议啊

猫咪其实并不委婉，会直接向“铲屎官”表达自己的想法。在对你提出要求的时候，通常会清晰地发出“喵喵喵”的指示。我们可以认为，这就是猫咪用来跟人沟通的“猫语”吧。

所谓猫语，可不只是喵喵的叫声，还包括胡须、耳朵、尾巴的摆动，以及猫咪身体每一个部位所表达出来的动作和姿势。也就是说，猫咪为了表达自己的意思，为了进行信息交流而进行的每一种行为，都属于“猫语”。这应该算得上是世界上最不可思议的语言之一了吧。

如果猫咪在你的脸上“啪啪啪”拍上几下，想必是有什么信息要传达给你吧。如此说来，这个动作本身就是一种“猫语”。

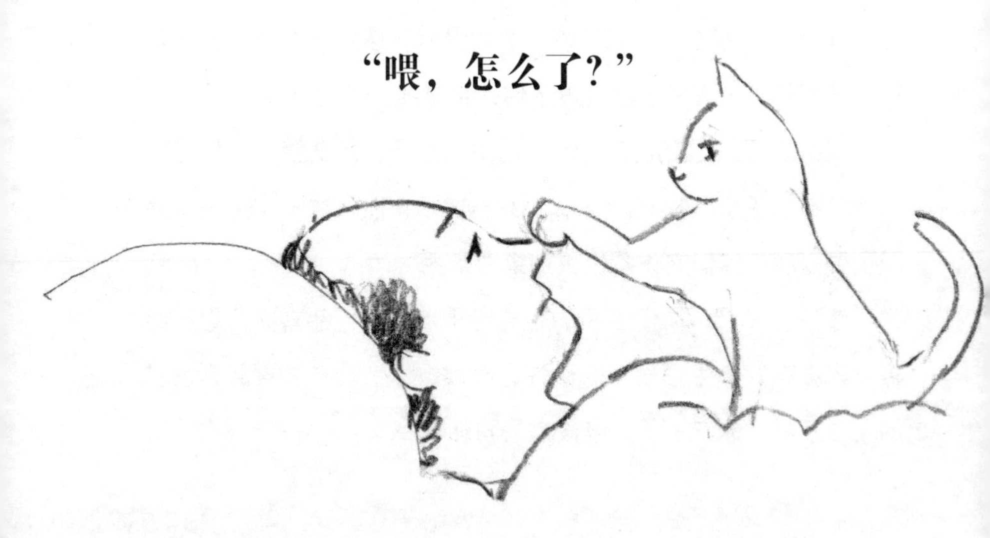

话虽这么说，但是也不能断言这种“猫语”的含义究竟是“叫你起床”，还是“吸引你的注意力”呢。

只有你对猫咪的这种“语言”有了反应，进一步去询问“喂，怎么了”以后，才能根据主子下一步动作分析出真正的意图吧。例如，如果想出门的话，主子应该会走到门边；如果想排便的话，猫砂盆可能还没打扫干净；如果饿了的话，会走向猫粮盆那里去……虽然吵醒铲屎官的行为不太厚道，但是猫咪愿意屈尊去吵醒的人，就只有铲屎官啊。这一点，可是雷打不动的纪律。

但如果猫主子并没有什么特别的意图，可能也只是想试探一下你的脸有多柔软吧……

用肉球拍醒主人，猫主子的任务就算是成功一半了。主子的真正意图，只能从下一步的行为中分析出来。

爱猫就趴在自己的膝盖上。
铲屎官感动得一动也不敢动。
其实猫咪也知道，你是一动
也不敢动……

“不想让我出远门吗？”

“就算我趴到天荒地老，你也无可奈何。就这样把你征服！”

猫咪趴在膝盖上，这是猫咪开始征服你的第一步。这时候的猫主子，已经知道自己可以对你为所欲为了。往往在“我要去上班了”“差不多要出门了”的时候，猫咪闪现在你的膝盖之上。

作为铲屎官，不得不面对自己悲惨的劣根性——只要猫咪趴在自己的膝盖上，自己就忍不住去伸手撸猫。虽然马上就要出门了，可是主子却空降到膝盖上……这种时候铲屎官心里一定上演了一幕苦情剧：“我怎么能对主子置之不理呢？”事已至此，真让人左右为难啊！

特别对于男性铲屎官来说，真的会为了照顾猫主子的心情，而在不知不觉中浪费了很多宝贵的时间。铲屎官一边享受着撸猫的快感，一边诚惶诚恐地怕被主子嫌弃……这样的心情你也有过吧？正因为如此，膝盖上面也免不了留下主子“不小心”留下的抓痕。

刚想从沙发上起身，猫咪却大摇大摆地爬到了膝盖上来。这究竟是为什么呢？要知道，猫咪就算在睡觉，也会开启听觉、嗅觉、胡须的开关，敏感地探察着周围的情况。当猫咪带着“工作先放下，把你温暖柔软的膝盖借给朕一下”的气势过来时，你唯一的选择就是屈服于这种无言的压力。此时此刻，你已经完全被主子征服了。

“一定要保持距离吗？”

“请不要这么抱着我！”如果主子给出这样的信号，请不要犹豫立即放手吧。早晚有一天，猫咪会心甘情愿被你抱在怀里的。

“完全拒绝被束缚，绝对避免亲密无间！轻微的身体接触尚可考虑！”

家猫的祖先是分布在非洲到中东地区的利比亚山猫。公元前2500年左右，埃及人驯服了野猫，揭开了人类与猫咪共同生活的序幕。这就是家猫的进化史。

当时，埃及人饲养猫咪的目的，是为了消灭偷吃粮食的老鼠。人类给猫咪提供居住环境和固定的口粮，与此同时，猫咪需要帮助人类捕捉老鼠。这种约定俗成的生活模式延续了很长时间。到了现在，猫咪与人类共生的纽带更加紧密了。

对于人类来说，猫咪的存在充满“治愈”的魔力。可是人类的行为却很难被猫咪所接受。虽然猫咪喜欢狭小的空间，但这并不意味着它们喜欢亲密无间的身体接触。因为对于猫咪来说，如果身体不能自由活动，就没办法及时面对突发性危险。这意味着，无论猫咪多喜欢守在你旁边睡觉，也并不喜欢被紧紧抱在怀里。

猫咪不讨厌人，但是我们需要探求最合适的接触方式。只有找到猫咪可以接受的方式，我们才能舒服地待在一起，哪怕只是一只脚、小屁屁、身体的一部分等。对于我们来说，这种接触程度也许太过疏离，但是，请遵从主子的意愿吧。

如果我们强势地用力抱住猫咪，大多数时候它会“喵”的一声逃掉。对于生性淡漠的主子来说，疏离一点的接触方式也许刚刚好。

猫主子喜欢的人和猫主子不喜欢的人，究竟差距在哪里？

我太爱猫咪了，简直克制不住我自己……这种毫不矜持的喜爱方式，一定会让猫咪敬而远之。特别是第一次跟猫咪见面的时候，请务必保持冷静。因为这时候，你对猫咪来说只是陌生人，根本不可能自来熟地跟你建立互信关系。无论你多想与这种柔软而美丽的动物交朋友，也请克制一下自己的情绪。只有等待猫咪从内心深处接受你，才是正确的开始。

大多数的猫咪，都会从一开始假定你是无害的人类，慢慢靠近过来闻你的味道。如果这时候你趁机一把抱起猫咪，试图进一步亲近，猫咪一定会“喵”一声远远跑开。毕竟，“人家还没有接受你呢，喵”！

面对猫咪动如脱兔般的行动能力，你无能为力。请重新回到静默的状态，等待你的小宇宙和猫咪的小宇宙慢慢地、慢慢地融合在一起吧。等待猫咪冷静下来，默许你待在它的身边。当酝酿出了这种氛围，你可以伸手轻轻抚摸它的头顶、鼻尖、耳根。主子的尾巴和脚尖比较敏感，盲目触摸可能招致厌恶，所以请尽量回避。等你摸一段时间以后，猫咪可能展现出放松的姿态，还可能发出咕噜咕噜的喉音，这是在告诉你："好舒服哦！"等到它甘心被你按倒躺下，就算是对你最大的认可了。

正当你沉浸在睦邻友好的假象中时，主子的心情可能又分分钟发生了变化。无奈归无奈，失望归失望，谁让主子就是这样一种动物呢？如果你可以挽留，就输了。路边的野猫也好，朋友家的家猫也好，只要你想跟它交朋友，就听命于它任性的心情吧。只有这样，才是跟猫咪建立和谐关系的捷径。经过几次接触以后，猫咪也会察觉到"这个家伙还不错呀"。往后余生，你也许就是被猫咪喜欢的人了。

“抱歉，相当有压力呀！”

你看，还是跑掉了啊。逃跑的方向是磨爪板……这时候啊，别追了，让它去吧。

“看在你是铲屎官的份儿上，稍微忍你一下，但是想抱我可没门儿。”

喜欢猫的人，恨不得时时刻刻把猫抱在怀里吧。特别是冬天，猫咪可是最天然环保、最软萌可爱的暖手宝。可是猫咪最多只能在你怀里安分 5~10 秒钟吧。无论主人如何挽留，它们都能顺势逃开。

本来，猫咪就不喜欢被抱。虽然猫咪喜欢狭窄的空间，但是却不喜欢有压迫感的亲密接触。因为身体被抱住的时候，不能自由地应付各种突发情况，这可严重违反了防御本能。

当被你拎起来的时候，猫咪第一时间就会领悟到“糟糕，要被抱”的客观事实。从这时候开始，它们就已经在策划“逃生路线”了。有时候主子可能还会看着铲屎官的面子，稍微忍耐一下。但是也有的主子会完全无视铲屎官的需求。说到底，是真的不喜欢被抱啊！

主子从铲屎官怀里逃掉以后，八成要找一个稳当的地方磨磨爪子舔舔毛。好一副“刚从虎口逃生，赶紧压压惊”的样子。

说真的，被你抱在怀里真的是一件让猫压力山大的事情。要说到为什么会如此抗拒，多半因为猫的身体里还残留着半野生的习性吧。想象一下你勉强去抱一只山猫，会是什么样的场景呢。

“有那么臭吗？”

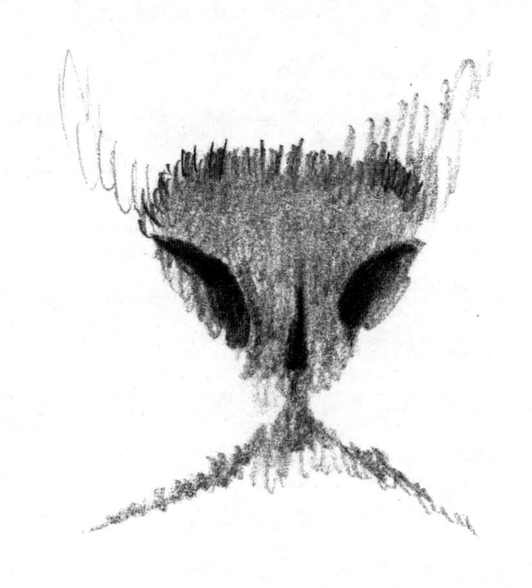

倒不是说被你摸过的后背和尾巴有多臭，只是再盖上一层自己的味道才让我更安心一点而已。

“讨厌身体有异味，不用舌头舔干净可不行！”

猫咪会凑近人啊、物体啊，仔仔细细闻个清楚。但并不是说，猫咪会觉得那是一种臭臭的味道。

猫咪的地盘意识非常强烈，对其他猫咪或者其他动物的味道很敏感。它们讨厌陌生味道进入自己的地盘，随时保持着戒备的状态。

如果自己的身体上沾染了“其他味道”，那真是忍无可忍的事情。虽然只是被撸了几下，也要执拗地舔干净了再说。唯一的目的，就是要把“陌生的味道”消除掉。

如果家里来了陌生的访客，客人还伸手撸了猫，那么真的会引起猫主子神经质一般的敏感反应。

如果铲屎官刚刚吃了烤肉或者寿司，没洗手就回家撸猫，也会引起猫主子的反感。“怎么胆敢把这种奇怪的味道弄到我身上?！”如果你这么做了，主子一定会伸出带刺的小舌头，对着自己大舔特舔一番。这么做啊，就是为了用唾液盖上自己的味道，让自己安心。

如果你没忍住撸了别人家的猫，未经洗手严禁撸自家猫。牢记!

“太喜欢爱干净的孩子啦！”

与其说为了身体整洁，不如说追求放松身心

猫爱干净，每天都勤勤勉勉地舔毛。带着一头乱发就去公司上班的铲屎官们，请向主子学习吧。

人类把自己整理干净，无外乎是为了给人留下好印象，获得异性的欢心。但是猫主子却对这种杂念嗤之以鼻。就像我们前面提到的，猫咪把自己整理干净的原因，无外乎就是祛除身体上奇怪的味道，让自己神清气爽。

猫咪频繁地用舌头舔自己的毛发，一天当中会重复很多次。这种舔身体的行为，除了能保持身体的清洁以外，还能从生理方面帮助猫咪放松下来。

猫咪一边舔着自己的毛发，一边就会回忆起小时候妈妈帮自己舔毛的场景。不过，也许是想让自己更好看一点儿吧。

猫咪小时候，经常会被猫妈妈舔舐。猫妈妈的舌头按摩，能让小猫咪安心地进入甜美的梦乡。

离开妈妈以后，猫咪不得不自己舔舐毛发，但是它会不断重温猫妈妈曾经赋予自己的温柔。所以除了每天的日常清洁以外，遇到烦躁的时候、紧张的时候、焦虑的时候，也会情不自禁地开始舔毛。

舔毛还能促进全身的血液循环，有助于保持身体健康。你看看，就连舔个毛也有这么多的理由呢。

“孩子的脸，说变就变。”

“明明是你让我摸肚皮，怎么反倒扇我一巴掌！爱抚也不能过分哦！”

就算猫咪顺从地趴在你的怀里，你也万万不能大意。就好像本来四仰八叉地躺在沙发上的猫咪，不知道为什么忽然就会进入了警戒状态。

要是你轻轻抚摸主子的肚皮，来几下腿部按摩，主子可能心旷神怡地咕噜几声，心情好的话还可能伸出小爪子跟你玩耍一会儿。真是可爱啊！

好怕怕啊！刚刚还在膝盖上咕噜咕噜，怎么一下子就……可是，这种捉摸不透的情绪也正是主子的魅力所在吧。

没成想，你一个不小心揉搓了太长时间肚皮，主子的脸可是说变就变。轻了大吼你一声，重了可能就真的伸爪子“奖赏”你啦！龇牙咧嘴地威胁，又咬又挠地攻击，跟刚刚那个软萌的小东西简直不可同日而语！爱猫说变就变的情绪，真是让人剪不断，理还乱啊！

其实，主子并不会忽然毫无缘故地开启愤怒开关，基本上都是无意识地开启了防御本能而已。

因为小肚皮和腿根都是私密部位，平时并不会暴露在外，铲屎官轻轻抚摸还好，但没完没了就不好玩了！一旦主子的防御本能接收到了“危险！危险！”的信号，自然就会放手攻击啦！所以不要忘记，爱抚也不能过分哦！

“今天怎么连尾巴都不摇了？”

用尾巴代替回答，也用尾巴表达情绪的变化

如果你认为呼唤了主子的名字，主子就应该有所回应，那你就大错特错了。主子就是主子，清楚地知道有时候你的呼唤毫无目的。“我又不是小孩子，才不会笨到每次叫我都搭理你呢！”要知道，就算是对自己的宠物，也不能要求它召之即来，挥之即去哦！

但是，猫咪的尾巴可是守规矩的“好孩子”。听到你的召唤，小尾巴一定会老老实实地摇摆一下，好像在悄悄告诉你“我听到了哦”！

动物的尾巴通过脊椎直接连接到大脑，无论在解剖学上，还是在生理学上，都是非常重要的器官。

对于猫咪来说，尾巴更是具备用来表达心情的重要意义。貌似傲娇的小尾巴，其实是个小话痨呢。

比方说，在四平八稳的环境中密谋什么行动的时候，尾巴就会缓慢地左右摇摆。而在开心撒娇的时候，猫咪会垂直立起尾巴走向你。遇到心情烦躁的时候，尾巴也会跟着不安地大幅度左右晃动。如果你打扰了猫咪休息，尾巴通常会不耐烦地甩动几下，那是在告诉你："再闹我就生气了！"

跟猫咪一起生活的过程中，可以通过它尾巴的动作来解读它的心情。如果你叫它的名字，它却连尾巴都不动一下，那可真是把你看透啦——"反正铲屎官叫我也没什么正经事儿！"请认识到自己像空气一样透明的存在感，退下吧……

左摆右摆、左摆右摆，你这是要说什么呢？猫的尾巴总是恪守规矩，如果你叫它名字的时候主子连尾巴都没动……很抱歉，眼下对你没兴趣哦。

“吃饱了就散伙？”

“吃饱了以后就变脸……这种率真的态度除了猫还有谁！”

关于谁、在什么时候、会怎么给我准备饭菜一事，猫主子心里都一清二楚。生物钟的闹铃一响，主子就会仰起头来跟你示意：“我说，饭还没做好吗？”

传来猫罐头啊、猫粮袋子的声音时，主子一定已经坐好待命了，时不时地还会高声喵（快点）喵（快点）叫两声。这种赤裸裸的食欲至上主义，让人哭笑不得——“民以食为天”，真是放之天下而通用的真理啊！

只是，主子虽然肯如此大费周章地索要一顿饭，但却能在吃饱以后即刻翻脸不认人。

“我说我说，差不多该吃饭了哈。”这么催着开饭的猫咪真是可爱。只是饭一到嘴，大多数的猫咪就会重新回到傲娇模式了。

面对着刚刚进贡了粮食的铲屎官，主子就是能摆出一副划清界限的态度。你想伸手抱抱它，它会暂停下舔手指的动作，一本正经地盯着你看："没见到我正在餐后舔毛吗？"猫咪的小脑袋里，根本没什么长远考虑的概念。它们只能认识到“此时此景”的问题。正因为如此，餐前、餐后的态度才会……

在内田百闲先生的一本书中，曾经有过这样的描述："我能接受猫的生性冷淡，因此反而不敢奢求猫能怀有感恩之心。施恩图报本就是人类社会的贪念，正因为猫适应不了这样的世间，才会被放逐到荒野田间吧。"是啊！这份宠辱不惊，才是猫的本色吧。猫咪愿意跟你一起生活，不就是实打实的感恩了嘛！

“喂，你看到了什么？”

顺着猫咪的视线往前看，只有一面白花花的墙壁。其实这时候，猫咪已经利用自己的五感，对墙那一边的事情了如指掌了。

集中精力，发挥优秀的视觉与听觉，掀开谜之真相

有时候，猫咪会聚精会神地盯着阴暗的角落观望。与此同时，瞳孔中散发出异样的光芒。这到底是看到了什么啊?

猫眼的感光能力高达人类的 6~8 倍，视网膜能聚拢星星点点的光。所以它们属于半夜行性动物，能在夜里看清楚事物原貌。其中，猫眼对动态物体的视觉能力格外强，一眼就能分辨出对象物体究竟是不是“猎物”。

猫的耳朵，也是身体上最为优越的器官之一。人的可分辨音域可以达到 20000 赫兹，而猫的可分辨音域（可听周波数频率）则能达到 45~91000 赫兹，可以说非常优秀了。猫能听到人听不到，狗也听不到的声音，还能一眼判断出对方是不是自己的“猎物”。只要有一点点细微的声音，猫就能分辨出那是脚步声、翅膀声，还是身体摩擦的声音。所以，如果墙壁的另一端有“猎物”，猫真的可以“看到、感知到”。

在人类的理解能力来说，这简直是谜之能力，但对于猫来说，却是理所当然的。猫咪享受着自己的狩猎本能，也享受着超强的视力、听力带来的兴奋感。对于猫来说，一动不动地紧盯着暗处的猎物，应该是一件令猫咪兴奋的乐事。

如果你家猫咪陷入这种状态，说不定就是有什么“误入了猫咪的狩猎圈”，让猫咪自由发挥去吧。

肉垫
Pad
可爱到
让人恍惚
萌点图鉴
敏捷的动作，灵动而丰富的表情，这些
魅力十足的猫咪萌点，遍布身体的每一
个部分。击中你灵魂的萌点，在哪里呢？

全身上下唯一出汗的部位

太喜欢肉垫的手感，越摸越着迷……结果被猫凶了！很多人都有过这样的体验吧。轻轻按一下肉垫，小爪子的指甲就会伸出来；再按一下，又伸出来。也有不少铲屎官痴迷于这种奇妙的结构吧。其实，猫咪的小肉垫并不只是可爱担当，也在狩猎和占领地盘时起到非常重要的作用呢。狩猎的时候，猫咪能悄无声息地接近猎物，这全都是靠肉垫吸收脚步声才能实现（虽然也有些猫咪永远肆无忌惮地踩出咚咚咚的脚步声）。在占领地盘的时候，肉垫上沾着湿气的味道也能让猫咪做到“雁过留声，猫过留味”。猫咪的肉垫上面有汗腺，带着猫咪味道的汗液从指间溢出到地面上，真正地实现了“一步一个脚印”。所以，看起来猫咪无所事事地走来走去时，可能是正在守卫自己的领土呢。猫咪浑身上下，只有肉垫能分泌汗液。平时为了防滑，猫咪会可以控制汗液分泌量。但是遇到令猫咪紧张的情形，小肉垫也会大汗淋漓呢。毛色不同的猫咪，小肉垫的颜色也会有所不同。大多数情况下，肉垫分为黑色、深棕色、白色、粉色等（当然，也有与众不同的孩子）。

眼睛
Eye

歪着脖子一本正经的小脸上，一双大眼睛炯炯有神

猫咪的瞳孔时而浑圆，时而细长，刻画出生动可爱的猫咪表情。通常，在周围光线较暗，或者猫咪正聚精会神地研究什么东西的时候，它们的瞳孔会像玻璃球一样黑得发亮。这时候，猫咪的瞳孔呈开放状态，正在竭尽所能地帮助猫咪收集信息。相反，周围光线明亮的时候，猫咪的瞳孔会呈现出像针一样细长的状态。猫咪观察动态事物的能力非常强，但普通的视力则很一般，所以它们并不擅长观察静态事物。偶尔，我们能看到猫咪歪着脖子仔细盯着东西看，这其实是因为它们想要改变视角以便看得更清楚一些呢。话说回来，刚出生的小猫无论什么品种、什么毛色，都拥有清亮的“碧蓝色”眼睛。这是因为刚出生的猫咪眼睛上面都会有一层蓝色的虹膜。出生后 3 个月左右，蓝色的虹膜将会慢慢淡去，眼睛就开始显现出猫咪品种本来的颜色。大多数的猫眼都是金色、黄绿色，其中白猫的眼睛更倾向于蓝色。另外，白猫身上还经常出现左眼金色、右眼蓝色的异瞳现象。

尾巴

Tail

无关长短，都是表达心情的风向标

“喂，我说，我说。”就算你反复呼唤，猫咪也只回你一个甩尾，这种情况很多见吧？要是猫咪的尾巴用力地啪啪拍打地面，这说明此时主子心情烦躁。如果尾巴拍打地面的节奏比较缓慢，可能是主子虽然有点小兴奋，但还想再观察一小下的意思。是的，你说对了！主子的尾巴能够忠实地反映出主子此刻的心情。猫咪如果直立着尾巴向你走来，那是在向你撒娇。因为猫咪心里永远揣着猫妈妈给自己舔小屁屁的回忆，所以靠近猫妈妈的时候永远是直立着尾巴的。如果对方不是绝对信任的家伙，猫咪可不会做出这样的姿势。如果猫咪尾巴的毛发全部炸开，说明它已经陷入了惊恐的状态，正准备虚张声势地恐吓对方。要是干脆把尾巴夹在后腿之间，说明猫咪已经跟对方认怂了，需要尽力把自己伪装得更小更可爱一些呢。如果正处于对峙状态，则是一种认输的表现。尾巴短小的猫咪，可能不太容易通过尾巴表达情绪。但是可能猫咪会认为“本人（猫）这种精致的尾巴，可是别人学不来的优雅呢”。

耳朵

Ear

“跟你说话的时候，好歹你也喵一声啊！”

背对着铲屎官稳坐如山，只是耳朵微微向后翻动一下。虽然看起来喵主子对铲屎官没什么兴趣，但是小耳朵的动作却出卖了喵的内心——“铲屎官在跟我说话吗？”猫咪的耳朵能向左右翻动，听力非常敏感，只需要一点点的时差，就能分辨出正确的声源位置。人类的可听范围局限在 20000 赫兹以内，但猫咪的听力范围却可达到 91000 赫兹（狗狗的听力为 47000 赫兹）。这说明，猫咪能听到的高频区，已经达到了人类的 4 倍以上。因为老鼠等猫咪猎物的声音区域，通常集中在高频区，所以早在野生时期开始，猫咪就练就了一副好听力。当然，猫咪最擅长获取的声音范围为 2000~6000 赫兹，这已经是人类声音当中最高的音域了。相比之下，猫咪对女性的声音比男性的声音更敏感。如果身为男性的铲屎官想要跟主子搞好关系，请尽量提高声音、温柔一点讲话吧。

鼻子

Nose

敏感的鼻子，一兴奋就充血

把手指伸向猫咪的小脸或鼻尖，它准会凑过来仔细闻闻味道。猫咪的嗅觉非常发达，据说能达到人类嗅觉能力的 20 多万倍。这么精巧的小鼻子，怎么会具备如此强大的能力?！秘密就在于感知味道的器官——“嗅上皮”。猫咪的嗅上皮面积是人类嗅上皮的 5~10 倍，所以能收集到更多的气味信息。猫咪的嗅觉能力，不仅仅能闻到食物的味道，甚至能分辨出多种不同种类的蛋白质。经常有铲屎官抱怨说“主子只吃罐头”，但猫咪怎么能够分辨食物高级与否呢? 它们感兴趣的，无外乎就是食物是否新鲜、有没有自己需要的营养成分、味道是否香喷喷而已（虽然我也见过只喜欢珍馐美味的公主猫）。另一方面，猫咪只能通过鼻子呼吸。如此敏感的鼻子如果遇到感冒症状，难免让猫咪食欲不振。这种时候，请及时去医院诊治吧。猫咪的鼻纹，跟人类的指纹一样，都是独一无二的哦。

胡子
Whisker

不止唇边，全身都有胡须呢

如果说猫咪的表情有那么一点点幽默，那么一定是以为它的胡须在作祟。见到什么感兴趣的东西，小胡子也倾尽全力地向那东西聚拢过去；吓一跳的时候，小胡子也会随着身体一起向后仰过去。其实胡子（触毛）除了长在嘴巴旁边以外，也分布在浑身上下毛发茂密的地方——例如眼睛上、眼睛旁、下巴下、手腕上等身体的各个地方。就连身体和头顶上，也分布着一定比例的胡子（触毛）。也就是说，猫咪浑身都是胡子。胡子根部聚集着大量神经细胞，能敏感地捕捉到物体移动时带起的空气流。因此，猫咪在暗处也能察觉到周边的情况，然后采取迅猛的动作捕捉猎物。如果你曾经碰到过猫咪嘴巴胡须的根部，一定看到过猫咪龇牙咧嘴露出一副凶相吧。这是因为猫咪嘴巴周围胡须的根部，与嘴巴、眼睑上的神经连接在一起。当神经元判断到脸部周围有异常时，就会条件反射般做出肌肉联动反应。那可是一副独特的面孔啊，但是别忘了胡子可是猫咪敏感而重要的身体器官。没完没了地拉扯胡子，猫咪会生气哦！

舌头
Tounge

“正是因为朕有粗糙的舌头，才能盛水盛饭吃啊！”

“真没办法，我帮你梳梳毛好啦！”不管铲屎官什么意见，猫咪已经一厢情愿地伸出粗糙的小舌头开始舔铲屎官的手啊、脸啊什么的了。猫咪舌头表面粗糙的部分，等同于人类舌头上的“味蕾”，是猫咪用来感知味道的器官，只不过角质化更严重一些。猫咪本来是自行捕猎进食的动物，它们需要用舌头把猎物的肉从骨头上舔下来吃。但大多数家猫的小舌头，只能用来舔舔毛、盛饭吃、盛水喝而已，灵巧的小舌头，能在 1 秒钟之内连续 3~4 次将水送进嘴里而完全不觉得吃力。如果有机会，你可以用慢放镜头好好观察一下你家主子喝水的样子，非常有趣哦。它们先是把舌头卷成像勺子一样的造型，卷起水以后快速提起来，然后快速用嘴巴含住从水面上跳跃起来的水珠。这可是了不起的功夫啊！只有猫咪这种个性化的舌头，才能实现如此巧妙的喝水方式，不是吗?

“哇，吓我一跳！”

发生始料不及的事情！这时候，野生本能告诉猫咪要全身向后敏捷地飞起来！任性猫咪不经意流露出的另一副面孔。

大敞四开哦！

单脚提起的姿势，好像是在炫耀自己柔软的平衡感。常在如厕后摆出这副姿势做个人卫生，可是私密处都被看光光了哦！

只有猫主子才能展现的曼妙身姿……

萌度爆表的体态

连续单脚跳

一边拼命往后伸后腿，一边步履不停。忍不住想问：你究竟是要拉伸，还是要前进？

先从背部开始

午睡醒来、用餐之后，总是在心情大好的时候摆出这种姿势。有时候还顺便吐吐舌头呢。

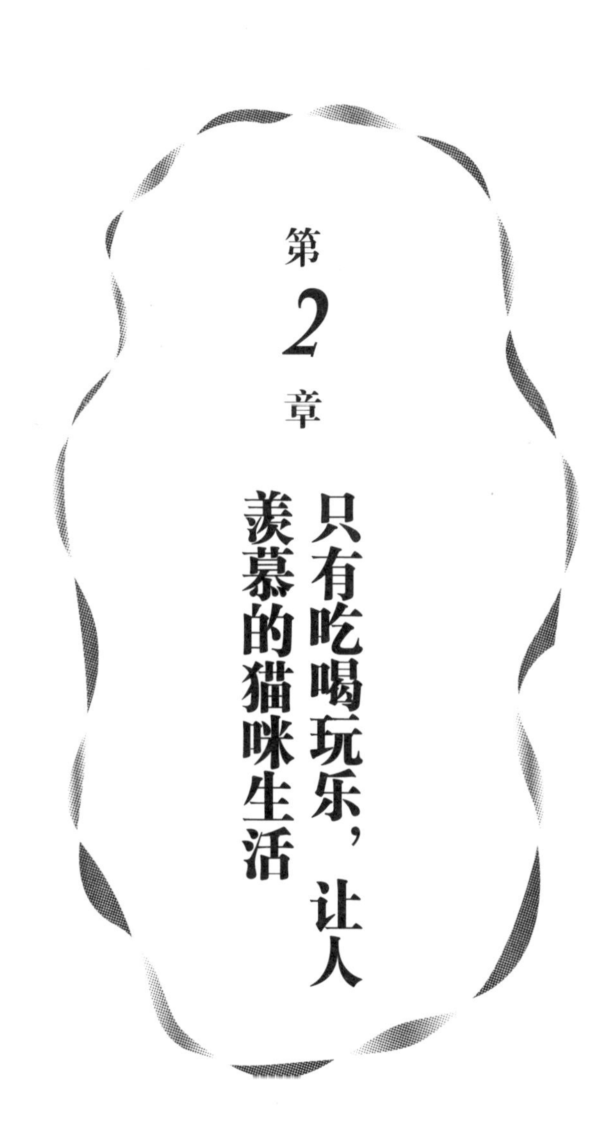

第2章 只有吃喝玩乐，让人羡慕的猫咪生活

“这就吃饱了吗？”

“啊，吃饱啦。再来最后一口，我，已经撑得不能动啦，喵。”这样的猫咪该有多幸福啊！如果家里养了好几只猫，会不会每天上演猫粮争夺战呢？

可能不太喜欢吃得底朝天

大多数的猫，都喜欢在猫食盆里剩下点猫粮——是的，有些猫就是会在猫粮盆里留下一口两口的猫粮。有的猫咪，根本不管今天铲屎官盛了多少饭，反正要剩下 1/3 左右就是了。

老人们常说的“吃猫食儿”，指的就是这种猫咪特有的习性。以前物质生活没有那么丰富的时候，小孩子们常常会被大人教育说：“不可以像猫那么吃饭！”

为什么要留下一点剩饭呢？据说，这是因为在野生环境中并不能确保顿顿都能捕捉到猎物，所以猫咪习惯留下一些食物以防万一。而显然这种习性被继承到了现在。确实，早晨起来的时候猫食盆总是空空如也，这说明猫咪会在晚上悄悄地吃食。无论是人还是猫，肚子空的时候要是没点零食填肚子，总归会觉得失落吧。所以说啊，要是没有口余粮，心里一定非常不踏实。

要说还有什么别的理由，那就是因为猫咪本来就是少食多餐的性格，不会每顿饭都暴饮暴食。虽然人类和狗狗在饱餐之后会心情愉悦，但是满腹感却会给猫咪带来我们难以想象的压迫感。所以猫咪剩饭，不完全是为了节约口粮，而是因为它们的饱腹感信号来得比较早。

“这么好吃吗？”

聚精会神地吃到兴奋，一不留神就唱了出来

我们虽然说“猫咪有少食多餐的习性”，但也有主人奇怪地发现自家猫咪“每次都吃到空盘”吧。发育期的猫咪会持续保持旺盛的食欲，特别是出生 6 个月左右的小猫，总是狼吞虎咽地吃光每一粒猫粮。

竖起背毛，嗷呜嗷呜地嚷嚷着“肚子饿啦！”“吃饭啦！吃饭啦！”的时候，猫咪正处于兴奋状态。这种状态下，猫咪会发出一种类似“嗷呜”的连续低音，听起来还有点儿像怒吼呢。

“嗷呜嗷呜嗷呜（一口鱼配三碗饭）！”偶尔遇到爱吃的东西，猫咪也会完全不顾忌形象地大吃大喝。

但是如果你仔细听，可以发觉出那是一种沉迷其中而不自觉发出的高音声调。这种声调把猫咪的心情完全语言化出来，大概是“好吃好吃真好吃！”或者“喵喵喵喵，要吃饭！”的意思。猫咪可不是故意发出这种声音的，完全因为一边吃饭一边吞咽，才不小心真情流露了。也就是说，它们越狼吞虎咽，越容易发出这种声音。

平时安静而端庄的年老猫咪，也会在看到百年不遇的美食时发出“嗷呜、嗷呜”或者“哞哞”的声音。这种好像在表达着“这是啥？咋这么香？”的猫语，真是让主人情何以堪啊——“真的这么好吃吗？好像从来没给过你好吃的一样……”

想让身体的每一个角落都散发出香喷喷的味道

“被饱餐一顿的幸福感萦绕着，就这么睡去吧……”

猫咪属于不太多事的小动物，就算每天都喂袋装猫粮，它们也不太挑剔什么。

但偶尔主人端上一盒上乘的鱼肉罐头，猫咪也会觉得“好吃得不得了”，然后浑身上下都被一种特别的满足感所萦绕。这一点跟我们人类一样，吃到一顿久违的美食，就会觉得幸福感爆棚吧。

这样美餐一顿以后，猫咪通常会特别仔细地舔舔毛。这么做的目的，并不是为了让“香香的味道”沾满全身，而是餐后心满意足时对自己额外的嘉奖。

作为一只猫，与其说满足于美食的味道，不如说享受美食的气味。它们在饱腹之后获得安心感与幸福感，难免想要“就这样沉浸在幸福中甜美入梦”。

我们知道猫咪舔毛的目的有很多，例如消磨无聊的时光、克制不安和动摇的心情、害羞时假装舔毛来转移视线等，而且舔毛还能高效地让猫咪进入放松状态。所以猫咪在饱餐之后舔毛，是真真正正用心地让自己进入更加舒心的状态。沉浸在美餐之后的幸福感中，悠悠然地进入美好的梦想，这是一件多么令人羡慕的事情啊！

从前爪脚尖开始，侧腹、大腿、后腿……只有让猫咪美餐一顿，才有机会目睹如此正式的舔毛仪式！

“所以说，不要狼吞虎咽，好吗？”

讲真，猫也不想吐。如果猫咪露出如此纠结的神态，请温柔地抚摸几下它的后背吧，多少能让猫咪舒服一些。

“‘狼吞虎咽’之后经常呕吐的话，要注意减少餐量哦！”

大多数的猫咪吃起饭来都是狼吞虎咽的。特别是年轻气盛的小公猫，几乎餐餐都要把脸埋进猫粮盆里面吭哧吭哧地吃饭。“能慢一点吃吗？谁都不会跟你抢的……”即使你这么说，它也不会听。

特别是猫粮特别合胃口的时候，光盘的速度就更快了——好像根本没嚼，直接咽下去了一样。其实，这倒是真的。猫咪没有臼齿，不能咀嚼食物，所以只能用尖锐的齿尖把食物咬成适当的大小然后吞下去。所以进到胃里面的食物，基本保持着原来的形状。

可如果狼吞虎咽地吃进去的食物超出了胃和食道的承受能力，就只有呕吐的份儿了。可真是竹篮打水一场空啊！

而主人应该留意的是，不要一次性向食欲旺盛的猫咪喂食太多食物。胃的容量有限，可是猫咪在吃饭的时候才不会管那么多呢。特别是新鲜美味的猫粮，应该分成若干小份分次喂食。

猫咪在呕吐之后，不但能明白主人“好浪费啊”“又把地板弄脏了”这种抱怨，也能明白主人担心自己的眼神。呕吐只是猫咪无法控制的生理反应，请不要训斥它们哦。

“虽然知道这么做不好，可是为了身体着想还是吐一下吧。”

如前所述，猫是那种比较容易呕吐的小动物。通常暴饮暴食之后消化系统产生应激反应，这属于体质性呕吐。也有不少猫咪就是会在餐后时不时吐一下。主人免不了担心猫咪生病，但只要不是一天吐好几次，或者呕吐之后没有表现出异常状态的话，就无须过度担心。

从某种意义上说，猫咪具备一种“一吐为快”的特技。它每天都要为自己舔毛，舔下来的毛跟着舌头进到嘴巴里，然后再溜进胃里，在胃里形成毛球。所以猫咪一定要定期地把毛球吐出来才行。当主人听到猫咪发出作呕的声音时，可以仔细观察它们的状态。如果吐出来的黏液中带着毛茸茸的小团，那就是毛球了。

猫咪喜欢叶片细长的稻科植物，因为这些植物能帮助猫咪更容易地排出毛球，市面上销售的猫草就是这样一种典型的植物（虽然也有猫咪对猫草置之不理）。如果家里有用来喂食仓鼠或者小鸟的燕麦，也可以直接种来当猫草用。这种植物的叶片中，含有猫咪代谢所需的维生素等营养成分，以及刺激胃黏膜的纤维质，能促使猫咪吐出毛球。

猫草的口感跟猫粮不一样，莫非这也是惹猫喜爱的原因之一？散步时经常能看到野猫一边溜达，一边咔嚓咔嚓地咬小草吃的场景。

“什么水碗不水碗的，朕只在想喝水的时候开怀畅饮。”

生活在沙漠里的游牧民族，除生理需求以外，不会多喝一滴水，更别说生活在沙漠地区的猫咪了。当然，这里的人也好，猫也好，一定通过什么其他形式补充了水分，但确实适应了少水的生活模式。

如此说来，家里的主子俯在水龙头旁边喝水，会不会有点儿喝得太多呢？家猫是从沙漠野猫的时期进化来的，恐怕它们比我们想象得更加适应“都市生活”。

“只中意新鲜的水源？”

很快，就要到沙漠绿洲啦。在那里能喝到甘甜的泉水。对于沙漠出身的猫咪来说，盛在碗里的水可能索然无味吧。

即使我们准备了精致的水碗，水碗里盛满了清水，大多数的猫还是喜欢附在水龙头旁边喝流水。它们灵巧的小舌头，能截获水龙头的水流，并快速送进嘴里。我们以为这是因为主子喜欢新鲜水……直到目睹它们毫不在意地喝鱼缸水甚至是座便水。真是谜一样的味觉体验！

对于猫咪来说，水的味道、新鲜度什么的都是浮云。它们没喝水碗里的水，只是因为它们还不渴；而它们喝鱼缸里的水，也只是因为它们碰巧想喝……对于从水龙头里哗哗流出来的水嘛，当然是因为好玩才喝了。这就是朕，真性情的汉子。

钟爱流水的习性，也可能来自沙漠时代或者更遥远的过去。看到流水的一瞬间，记忆里闪现了生活在古希腊的先祖的习惯。

“这个，还是别吃了吧。”

“虽说耳聪目明，但嗜好成谜，难道是想追求跟铲屎官同等的待遇？”

猫咪是洁身自好的宠物，融入人类生活圈由来已久，就连饮食文化也跟人类非常接近。

只是，愚蠢的人类至今无法了解主子的食物喜好。猫咪的嗅觉灵敏，擅长通过味道判断眼前的东西能不能吃。可是为什么突然有一天，闻了闻每天都吃的猫粮以后，却绝食了呢?

又或者，铲屎官坚信主子“绝对不会吃的”辣椒类、芥末类食物，却被主子闻了又闻以后吃进了肚子呢?

据说，这是因为猫咪难以用鼻子分辨辛辣的味道，就连寿司里有没有放芥末都闻不出来，如此这般的主子好像忽然弱小无助了几分。

我们都知道对于猫咪来说，洋葱和大葱都是有毒的。可是有的猫咪就是喜欢吃放了洋葱的咖喱。少吃一点点倒是也没什么，可是连我们都感到辛辣的咖喱，猫咪怎么能若无其事地吃了一口又一口呢？主子的味觉，真是不可思议！很有可能，这是“生活方式跟铲屎官一样的话，饮食文化也应该跟铲屎官靠拢”的心理。

对于主子虎视眈眈的食物，我们就不要放辣椒啊、芥末啊这些东西啦！

无论它多垂涎三尺，放了洋葱的咖喱也是它的毒药！给猫咪一点其他美食，趁它没反应过来的时候，赶紧偷偷地把咖喱吃掉吧！

猫咪的心头好

喜欢肉汤味道的俄罗斯蓝猫

雄性俄罗斯蓝猫咪咪，很喜欢鸡汤面、肉酱薯条等食物的味道。难道因为你是外国猫，所以喜欢这种西式味道吗？真是引人深思。

野泽先生的话：猫咪没有国籍。尽管如此，喂食油炸薯条这事可应该三思而后行。请尽量让猫咪吃点优质食物吧。

对生鱼片毫无抵抗力的猫咪

野泽先生的话：不能吃金枪鱼，这种话只对人说说就好了。优质蛋白质和新鲜的氨基酸可是猫咪最需要的食物呢。

花花，是一只对生鱼片有强烈执念的雌性三花猫。虽然平时也会趴到餐桌边看看风景，但也只是看看就算了。可只要餐桌上出现了生鱼片，花花整只猫的画风都不一样了。它会紧紧盯住铲屎官的筷子，夹起生鱼片，蘸了酱油，送到嘴边……就在这一瞬间，花花会及时伸手拍打铲屎官。简直就是一决胜负的姿势！花花最喜欢金枪鱼的生鱼片，可以给它吃吗？

喜欢吃咖喱的喵

想着咖喱里面有洋葱，还有很多香辛料，应该对猫咪刺激太大了吧。可是我每次吃咖喱，猫咪都会跟过来把我剩的盘底舔干净。真是头疼啊！我家猫咪就是喜欢舔舔这里、舔舔那里，我脸上有化妆水，被它舔了可怎么办啊！难道我家猫有与众不同的嗜好？

野泽先生的话：所谓猫咪的嗜好就是，无论刺激的味道有多强烈，只要有油脂成分，就忍不住想去舔一舔啊！

钟情于水羊羹的猫

有一天我把水羊羹（日本特有甜点）放在桌子上就出门去了。虽然只离开了两三分钟，回来的时候水羊羹竟然消失得无影无踪。而旁边，则是一只心满意足的大猫在舔毛——这只贪吃的小松（猫名），一定是它偷吃了我的水羊羹！对了，平时它就喜欢吃甜豆馅。我以为猫咪喜欢吃小鱼干什么的，难道也会喜欢甜食吗？

野泽先生的话：猫咪跟人一样，年岁越大，知道得越多。如果你津津有味地吃东西，猫咪当然知道那是美味佳肴啦！

“连至关重要的刨猫砂都放弃了，难道对猫砂盆有所不满？”

排泄后用猫砂埋住粪便，是猫咪的本能行为，就连小奶猫也会自然而然地去做。

可是，不知从什么时候开始，家里的猫忽然放弃了刨猫砂的行为。如厕之后愤然一跃，用力跳出猫砂盆。这是在嫌弃自己的味道吗？可是主子这么一跃，猫砂飞得到处都是不说，新鲜出炉的那一坨明晃晃摆在眼前，有点儿辣眼睛啊！

与此相比，更担心爱猫失去野性，放弃埋屎，从此就自甘堕落了吗？铲屎官陷入淡淡的哀伤……

“是有多嫌弃自己的便便？”

这是因为“噗”地一下释放了自我，身体和灵魂都仿佛被解放了一下，让猫咪情不自禁想要飞嘛！

猫咪排泄后用猫砂掩盖排泄物，是为了不让自己的天敌或猎物感知到自己的存在。原本猫咪在野外生活，可以随着自己的心意在喜欢的时间和喜欢的地点便便，但家猫却只能选择猫砂盆而已。首先，这就是需要猫咪努力适应的事情。最近，猫砂和猫砂盆都高级了不少，但这些都是按照人类的意愿进行改良的产品。想必对于猫咪来说，还有很多不如意的问题吧。再加上铲屎官的怠慢，让猫砂盆散发出浓浓异味的话，怎么能让主子安心如厕呢？！要是主子觉得“这破地方都不值得我刨”，就会彻底破罐子破摔地放弃与生俱来的生活习惯了。为了不彼此伤心，铲屎官别忘了定期打扫猫砂盆哦。

“不好意思，对视了！”

神情微妙的——“看我干什么啊？”

没有什么动物比猫更看重如厕这件事了。这是因为猫咪特别讲究干净吧。

可是在家猫的世界里，就排便自由这么一点“小事”都得不到保证。地方是铲屎官准备的，就算臭烘烘脏兮兮的，也只能在这一个地方解决个人问题。本来想着在别的地方臭臭一下，顺便做一下无声的抗议——“差不多打扫一下厕所啊！”结果却被批评是“不讲卫生的臭孩子”！怎么上厕所这件事儿就不能多听听朕的意见呢？这还算是一个合格的室友吗？

曾几何时，人们会刻意回避“排泄”这样直观的词汇，转而用“如厕”“洗手”“出恭”这种委婉的说辞替代。对于心思细腻的猫咪来说，“厕所”可以算得上是“让朕沉思片刻的地方”吧。如此需要专心致志的时刻，要是被人（即使是朝夕相处的铲屎官）盯着看，还怎么集中精力呢?

对于动物来说，排泄的时候是最容易被外敌攻击，所以是最需要谨小慎微的危险时刻。被人类饲养的家猫也是如此，如厕时一定要保持专心致志的状态。要是你非要在这时候不知好歹地盯着主子看，那还怎么怪主子神情微妙呢? 所以啊，主子如厕的时候你就可以退下啦。

一不留神与一脸认真如厕的主子对视了，请静静地转移视线。上厕所这么一点时间，让主子一只猫静静吧。

注意力全部集中在小屁屁那里，从嘴角漏出来“嗯”的一声都浑然不觉。吃饭的时候，做游戏的时候，还有上厕所的时候……都要全力以赴啊！

“加油！”

专注到不小心发出喵喵的自言自语

学习外语或乐器演奏时的秘诀，就是要先记住一个音符，然后以这个音符为基础一步一步叠加更多的知识。猫语也是如此，如果你能懂得一个音符，就能慢慢打开喵星人世界的大门。

例如说排泄时发出的“嗷”或者“嗷呜”的低音，代表着不安和疼痛。然后，我们能从发声方法分辨出症状和程度。轻则便秘，重则泌尿系统疾病等。

日常排便的时候，通常发出的都是“咕呜”这种可爱的声音。这说明主子正专心于处理自己的私人问题。作为管理主子健康的铲屎官，你也应该多少了解一些这种常识。

在主子如厕的时候，请不要偷偷窥探，退在一旁静静守护就好。如果主子排便正常，均匀的气息里都会散发出幸福的节奏。这也说明，主子能安心地专注于排泄，并没有担心会有外敌入侵。

可是猫咪原本就是敏感任性的小家伙。如果你扰乱到它的专注，很有可能会造成心理阴影……再然后就是便秘、膀胱炎等疾病了。所以，请铲屎官们好自为之。

便秘啊，苦闷啊，低声叹息的“嗷呜”
声也牵动着铲屎官的心跳。如果一
直不舒服，很有可能导致呕吐。

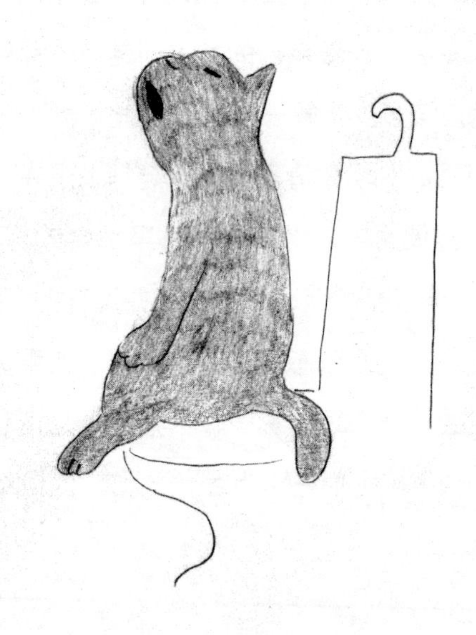

“最后一步！”

家猫往往运动不足，要精心调整膳食质量

猫咪常见便秘，公母频率几乎没有差异。但好在几乎不会导致重症发生。如果你是经历过便秘困扰的铲屎官，一定能了解这种难以言喻的苦恼。但如果主人没有便秘困扰，通常无法切身体会到发生在猫咪身上的便秘，究竟是怎样一种痛。

环境性便秘是一种常见现象，通常都是因为贪吃、缺乏运动、肠胃蠕动缓慢、猫砂盆太脏让主子憋住便便等原因引起的。如果因为最后一个原因让猫咪养成憋便的习惯，还有可能发生膀胱炎等并发症。请铲屎官务必定期打扫猫砂盆。对于缺乏运动一事，也需要主人身先士卒地参与到猫咪游戏里来——这是比什么都重要的！

如果食物中的纤维质太少，可能会导致食物性便秘。如果这样的话，就要从日常改善食物种类，增加蔬菜类食物，提高食物中的纤维质含量。喂食一些乳制品、植物性奶油也有助于改善便秘。在改变食材内容过程中，需要随时关注排便的状况。如果是因为缺乏运动导致了伴随肥胖的便秘，则应该首先降低食物的热量。

如果猫咪长时间沉溺在猫砂盆里，还发出“嗷呜”的低吟，就去偷偷关注一下吧。只有作为铲屎官的你，才能真切地了解到主子究竟是被“大事”困扰，还是被“小事”困扰。等了解了具体情况以后，如果需要，立即去看兽医吧。

全身舔到亮光光，却只忽视了小屁屁

猫妈妈刚生下小猫以后，就会用舌头舔遍小猫全身。这种行为在小猫心里永远地留下来了安心与舒适的印象，所以猫咪毕生都会钟情于舔舐自己的毛发。当然，私处护理尤为重要，如厕以后一定要用舌头舔干净。

可是刚刚排泄以后的味道还真是有点强烈，就算盖上猫砂，猫砂盆周边也洋溢着怪异气息。把猫砂盆放在室内，就会受到这种味道的影响……猫咪便便中有特别的味道，能起到占地盘的作用。其中，软便的味道尤为强烈，就算是除臭剂也束手无策。

“请舔得仔细一点儿啊！”

虽然怀疑这种便便中是否含有奇怪的病毒或细菌，但是猫咪自己清理肛门之后也并没出现腹泻等症状啊。猫咪喜好干净，但并不会意识到便便是不洁之物，它们只是会习惯性地清理肛门周边的毛发而已。

骄傲如喵，对排泄物是嗤之以鼻的。它们不会像汪星人一样对便便又闻又舔。所以有的主子会特意对沾在屁屁上的便便视而不见。有没有过喵主子把屁屁凑到你面前时，碰巧肛门周围沾了像小芝麻粒一样的便便块的时候……

干净如喵，却也有时屁屁带屎。会不会是因为圆润的身材，阻碍了主子自己舔屁屁呢？

奇怪的嗜好

吮吸铲屎官手指的喵

橘猫金太郎，是个男孩子。从小就喜欢吮吸主人的食指。本以为这是小孩子的把戏，谁知竟成了金太郎一生的嗜好。真是个爱撒娇的孩子呢！

野泽先生的话：大概，金太郎一直在寻找妈妈给自己哺乳时的那种温暖吧。对于人类社会来说，我们有必要让幼儿逐渐断奶，可是猫咪没这个必要啊！

随着洗衣机一起摇摆的喵

猫咪已经失踪了一小会儿……在家里找来找去，最后发现它正端坐在洗衣机上。这时候洗衣机转得正欢，猫咪好像沉溺于这种销魂的振动中，满脸都写着满足与喜悦。衣服洗好以后，它还特意跑来我面前，好像是在告诉我：“嘿，衣服洗完啦！”这种事情不是一次两次，每次洗衣服猫咪都会这样。乐趣何在呢？

野泽先生的话：猫咪是喜欢振动的生物。它们时不时发出的咕噜声，就来自自己身体里的振动。据说有研究显示，适当的振动能提高猫咪体内的活性化。

爬上肩膀讨饭吃

我家猫饿的时候，就会爬到我的左肩上。有时候我会故意把它抱在怀里，拖着不去拿猫粮。真是不明白它为什么会爬到我的左肩上来。难不成它在我肩膀上的时候，我喂过它吃的吗？

野泽先生的话：这就是猫自己的喜好而已，也带着期待在里面。猫咪一定很自信地知道，这样能讨到美食。

正襟危坐地等待猫粮

我家猫只要看到猫粮，就会端坐到猫食盘前面，等着我去喂食。它甚至会注意到超市口袋里面装了猫粮！是因为记住了猫粮的形状？还是因为我经常从超市买猫粮，让它记住了超市口袋的样子呢？

野泽先生的话：天机泄露啦！并非味道也非形状，而是你的表情里写得一清二楚。所以才会正襟危坐地等待啊！

下巴追枕头

能贴着你睡觉，是猫咪莫大的幸福

作为爱猫人士，跟猫咪贴在一起睡觉时的幸福感无与伦比。而对于猫咪来说，能贴在安然入眠的主人身边睡觉，也同样是件幸福的事情。喜欢同床共枕的猫咪（当然，并非所有猫咪都是如此），到了就寝时间就会自觉地守候在你的床边。虽然白天也这里那里睡了好几觉，但是只有晚上跟你守在一起睡觉才能算上好梦一场。

猫咪的这种偏好，当然包含着对铲屎官的认可，但首当其冲的理由其实是因为主子喜欢狭窄的空间。既温暖又柔软，还有铲屎官的味道萦绕在旁，当然能安安心心地睡一场好觉了。对于猫咪来说，你的身体有恰到好处的弹性，没有比这更好的肉垫床了。

最爱，当然是腋下了！自己的身体完全契合在狭小的空间里，再把铲屎官的手臂当成枕头来枕。感受着猫咪轻柔而潮湿的呼吸，此时此刻，就问你敢动不敢动？其实这时候，你也睡眼蒙眬了吧？要是想轻轻抽出胳膊，那可不行！猫咪一定会眯着妩媚的双眼，用嗔怒一般的神情看着你，好像在质问：“你在干什么？”虽说猫咪喜欢独来独往，但其实还是最喜欢依偎在你身旁。

掀开被子，请猫入瓮。要是被子掀得不够高，猫咪还可能会在被窝前止步不前呢！来吧，研究一下什么才是不太高，也不太窄的被窝入口！

“您请进（明明自己能进去的）！”

“只有等到你掀起被窝，才算得上是‘受邀嘉宾’不是！”

晴空朗朗。你在家里忙这忙那的时候，猫咪总是一脸无所谓地跑到远一点的地方，或者高一点的地方，独自睡觉觉去了。尽管如此，主子还是会偶尔睁眼观察你的动态。要是你终于忙完坐了下来，说不定它会悄悄蹭到你旁边来呢。这种把握时机勾引主子的方法，其实是利用了猫咪的天性！

寒冷冬季，“捕捉”猫咪的最好时机，就是铲屎官准备进被窝的时候。这一瞬间，是猫咪最享受的冬季恋歌。因为只要钻进被窝里，就能一直贴着你暖和和的身体。在被窝里，再不用担心你去向不明了。呼吸着你的味道，暖暖和和地进入梦乡，这种场景能赋予猫咪最大的治愈能力！虽说猫咪喜欢狭窄的地方，但是不喜欢受到压迫。所以只要身体轻轻贴到被子上就好！当然，铲屎官的汗毛也很棒哦！

虽说主子不会在寒冷的冬季错过这种机会，但请你也不要妄想主子会自己送上门！因为主子一定会等到你主动掀开被窝邀请它才行。“明明自己可以钻进来的……”这种事情心里想想就算了，还是主动掀开被窝邀请主子吧。这时候，主子才会面带傲娇的表情，贴到你的脸庞、胸前或腋下来。喵星人心里清楚着呢：“只要我走到铲屎官枕头旁边，他就会不受控制地掀开被窝请我进去！”

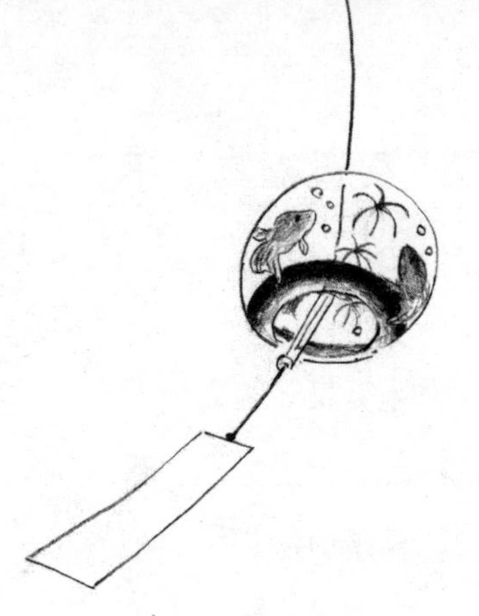

“你知道风来的方向哦！”

“先不管满头大汗的铲屎官，占个‘最好’的位置是真的。”

猫咪的呼吸也叫作触毛，能感知到空气中很微妙的震动和变化，起到传感器一样的作用。胡须最神奇的作用，就是能带着喵星人在夏季找到避暑的地方、在冬季找到避寒的地方。你有没有注意到，在夏天，猫咪一定能找到家里最通风、最凉快的地方眯觉。还真是令人钦佩的能力呢！

要说到为什么猫咪具备这种发现宜居环境的能力，那就要提到它们的野生祖先了。在野生的时期，野猫为了生存下去，能够敏锐地感知到四季变换和冷暖温差。

在早晚温差剧烈的沙漠里，野猫需要早早感知到温度即将变化，然后及时找到宜居的凉爽地点或者温暖环境。在这样日复一日的磨炼中，感知能力慢慢变得卓尔不群！

现代的家猫，继承了祖先的高超本领。对于它们来说，夏季的闷热、冬季的严寒，并不是宜居的环境。猫咪全身被毛发覆盖，不能像人类一样热了脱衣服、冷了添衣服，所以喵星人非常了解找到让自己舒服环境的重要性！它们敏锐的小胡子总是处于探知的状态，不断寻找着凉爽的微风或者温暖的气息。

在你苦恼于“酷暑”和“严寒”的时候，猫咪已经悄悄觅得了舒适等级 +1、+2 的宜居地点了！

玩到忘记睡觉，坐着就打起了瞌睡

小猫比成年猫需要更长的睡眠时间，最长 1 天可以睡到 18 小时。所以，当它们好不容易睡醒了的时候，很可能会玩耍到忘情的程度。猫咪的运动量非常惊人。出生 12 周以后，猫咪的大脑发育成熟。从这个时候开始，就让它们自由自在地玩耍吧。通过玩耍，它们能体验到各种不同的本领。

对于小猫来说，玩耍是一种本能。它们最喜欢的游戏有2个，一个是狩猎，另一个是搏击。狩猎游戏包含前爪踢球、转球、追自己的尾巴等，追着逗猫棒的节奏跳来跳去也是一种狩猎游戏。

“睡吧睡吧，夜猫子！”

玩着玩着……不知怎么就进入了梦乡。取之不尽的好奇心和成长所需的睡眠，一个都不能少！这种奇怪的比例失衡，是只有小奶猫才具有的魅力。

也就是说，这种游戏体现出用前爪按住猎物的本能。如果在野外生活，猫妈妈也会在小猫这么大的时候，捉来老鼠给小猫玩耍。如果家里有两只小奶猫，它们一定经常展开搏击运动。如果家里只有一只小猫，那铲屎官就不得不配合小猫做游戏了。好在，小奶猫的出拳和踢腿并没有那么疼……忍一忍就过去了！作为一名合格的铲屎官，需要尽力扮演好每一个角色哦！

出生 2~3 个月以后，猫咪会完全沉浸在快乐的玩耍中。常常玩着玩着就被“睡魔”侵袭，坐着就睡着了。小猫累到来不及躺下，两只前爪撑在地上就开始摇摇晃晃地打瞌睡。然后忽然一下子被惊醒，还把自己吓一跳！这时候，铲屎官也会完全沉浸在观赏小猫的快乐中，百看不厌啊！

好像土地爷一样

随着年龄的增长，猫咪已经领悟到了身边所有事情的真相。遇事不慌也不忙，慢慢升华成了守护铲屎官的土地爷。

仿佛参透了猫生一样稳如泰山——看淡一切的老猫前辈

要多关照一些高龄猫咪。最重要的是，确保它们能好好进食。只要能正常吃饭，就说明猫咪尚且身体健康。猫咪进入老龄阶段，愈发需要摄取优质的肉类、鱼类等富含蛋白质、维生素以及矿物质的食物。推荐少量多次喂食含有大量维生素 A 和维生素 E 的鳗鱼。当然，不能加盐和其他调料哦。维生素 E 具有提高免疫力的作用，铲屎官也顺便多吃几口吧。

虽说年纪大了，但也没必要有点风吹草动就跟生病联系在一起。从这时候开始，猫咪更喜欢一个“人”静静地待着。特别在进入老年期以后，猫咪越来越淡定，无论发生什么都能安安静静地休息。其实啊，猫咪并不是真的睡不醒，而是早早分辨出并没有什么惊天动地的事情。既然已经参透了结果，就没必要慌慌张张起身啦。可以说，这也是一种佛系的境界吧。说来也怪，看到这种仿佛已经进入禅定状态的老猫，让人不禁联想到慈祥可亲的地藏菩萨呢。

对于高龄猫咪来说，应该避免有压力的生活状态。例如说，为它确保活动空间、按时喂食、不要妨碍它休息等。猫咪年纪越大，越像一尊家里的摆件。但请相信我，最在意家人动态的，就是这一尊仿佛地藏菩萨一样的猫咪啦！

野泽先生的话：无论有喜爱的人还是喜爱的物，都是一种小确幸。找到一种最喜爱的睡觉方式，也同样是一种小确幸啊。

只有我家主子这样吗？

猫咪休息二三事

叼绒毯的猫咪

猫咪有一条钟爱的绒毯。虽然它有专门的睡觉用的地垫，但是每当犯困的时候，它一定会把绒毯叼到地垫上偎着睡觉。难道说猫咪跟人一样，会认床认枕头吗？

野泽先生的话：咽喉部位的肌肉松弛，导致咽喉狭窄，然后就会产生打鼾的现象。如果是猫咪还处于幼龄期，或者身材适中，通常不会发出这种声音。如果身材略丰满，恐怕真的是打鼾哦。

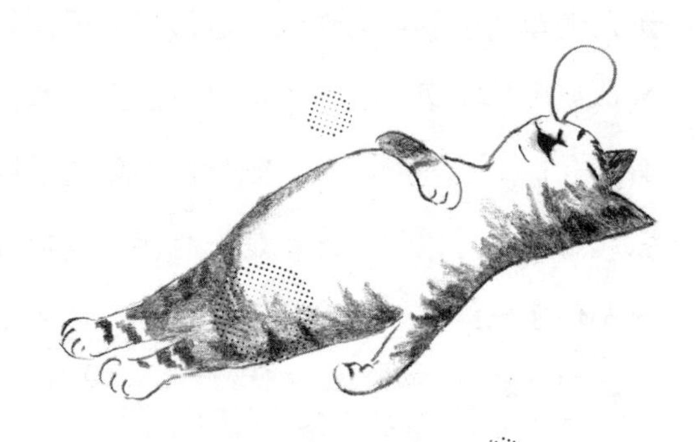

打呼噜的猫

我家猫呼吸的时候会发出“咕呼呼呼”的喘息声，难道这是打呼噜吗？醒着呼吸的时候一点声音都没有，只要睡觉就会发出这种“鼾声”。哦，对了！我家猫是做过了绝育手术的母猫，快要9周岁了，体重6公斤……好像有点胖吧。平时不太喜欢运动，是因为太胖了的缘故吗？

要胳膊的猫

猫咪肯钻进被窝里，那是铲屎官莫大的荣幸。至于被窝里的空间分配嘛就不好说了。有的猫喜欢睡在大腿中间，有的猫却专门喜欢趴在胸口上……我朋友家的猫，性情温顺，就连陌生人的被窝也毫不畏惧。但是它的绝对条件是要把自己的头和手枕在人的手腕上。快要睡觉的时候，它会默默地盯着铲屎官看，坚定不移地诉求铲屎官的“人肉枕头”。习以为常以后,铲屎官只要伸开胳膊邀请，猫咪就会自觉地躺过来哦。请问猫咪究竟是什么心情呢?

野泽先生的话：如果不满足猫咪的要求，猫咪就会感受到心理压力。而且，这是一种不会“客气”的小动物。就放任它按自己喜欢的方式睡吧。

野泽先生的话：猫妈妈一定会选择最安全的地方喂母乳。既然它觉得你的肚皮最安全，那你就让它用呗。

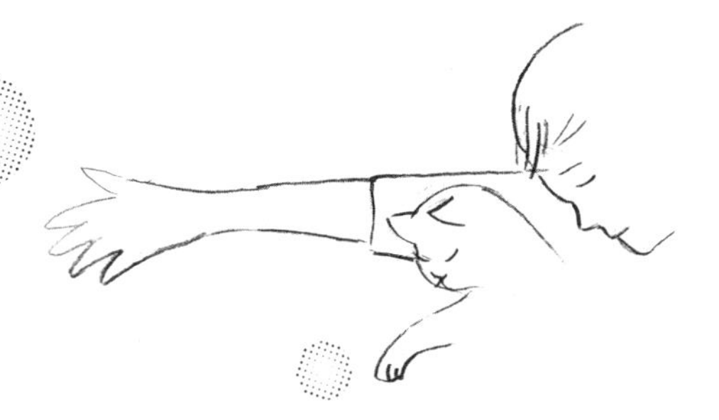

猫或者铲屎官的休息二三事

以前养的猫，趁我睡觉的时候在我肚皮上生了 4 只小猫。我好担心翻身会压到它们，所以特意在纸箱里铺了干净的毛毯，把小猫转移了过去。可是不知道为什么，猫妈妈每天晚上都会把孩子们叼到我的肚皮上……那段时间，我还真是连觉都不敢睡呢。怎么偏偏选了这么不稳当的地方?

跑得太快刹不住车，但即使侧翻也乐在其中

一门心思追玩具的时候，免不了在光滑的地面上打滑吧。忽然，一个急刹车的时候，猫咪也能快速转动后腿保持身体平衡！真不愧是强大的反射神经啊！

可是，年纪轻轻的小猫可没有这么大的本事。可能追着追着玩具，就冲撞到了对面的墙壁上。急刹车不起作用的时候，可能还会滚上几圈呢。究竟是谁玩儿谁呢啊？真是搞不清楚啊。

一边拼命用肉垫急刹车，一边古灵精怪地捕捉着逗猫棒！就算指甲再好用，也没办法稳稳地立足于地板之上。你看，又翻跟头了吧！

如果担心小猫受伤，可以带它在有地毯或榻榻米的房间里玩耍。但是猫咪指甲难免会在地板表面留下划痕，毛发也一定会沾在地毯上……可谓有一利必有一害吧。泡沫拼插地板应该是能两全其美的选择，而且还有防滑功能呢。不管怎么说，时间长了都会在表面留下划痕，请铲屎官们提前做好心理准备。

猫咪拼命追逐逗猫棒或者其他小玩具的习性，来自追逐动态物体的狩猎本能。如果玩具还能发出沙沙沙、哗哗哗的声音，那就更能激发猫咪的斗志啦。一门心思用来追“猎物”的猫咪，才不管飞向何处呢。家具后面、吊棚上面、书柜隔板……请铲屎官们还是不要在家里摆放易碎品了吧。

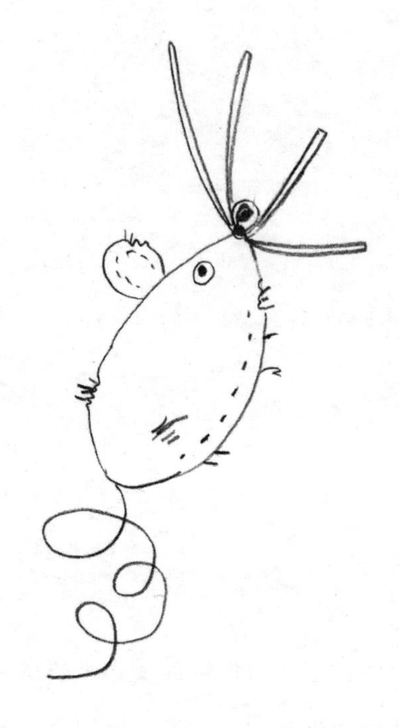

“不符合您的审美？”

高价买来的玩具，主子嗤之以鼻，真让人心凉如冰。真怀念主子把玩具一直玩儿到坏的时代啊……

随着猫咪的成长，要改变“陪玩”的方式

为了练习自己狩猎的技巧，小猫咪才会喜欢玩儿玩具。也就是说，玩具其实就是猎物的替代品。

出生后 3 个月左右的小猫，对会动的东西就会产生反应。绳子啊，球啊，虫子啊，万事万物都是它的玩具。可是过了 1 岁以后，猫咪就开始挑剔玩具了。

新玩具？看了两眼就放下了！激发不了狩猎的本能，无论多贵的玩具也入不了主子的法眼啊。伴随着身体的成长，猫咪的狩猎技巧突飞猛进，所以对玩具也有了更高的要求。

不过呢，虽然逗猫棒啊什么的早已玩腻了，但只要铲屎官挥舞的方式符合主子的心意，它还是会一如既往地追逐雀跃。例如，模仿一下小老鼠快速跑动，再模仿一下小虫子静悄悄爬行，接下来模仿一下风吹过的风铃……最有效的方式莫过于“姜太公钓鱼”啦，逗猫棒垂下来轻轻摇曳，一定能钓到一只神魂颠倒的猫咪！逗猫棒，是最名副其实能逗主子开心的玩具。无论是毛茸茸的挂穗，还是顶端圆滚滚的毛球，都能激发主子开心的反应。虽然市面上的玩具很多，但只有铲屎官多花点心思，才能逗得主子心花怒放。

“上次不是玩得挺开心？”

“不能激发狩猎本能的玩具，只能惨遭淘汰。”

猫咪在幼年时期喜欢玩具，是因为狩猎本能的需求。即使对手是玩具，也能让猫咪在反反复复的游戏中掌握捕猎的技巧和体能。

猫妈妈本来会把捕捉回来的猎物带回家，让小猫在玩乐中学习。接下来，猫妈妈会带着小猫在捕捉麻雀的过程中进行实践。说到底，游戏的目的只是为了学习如何狩猎，并不是为了消遣哦。

随着猫咪的成长，玩具的作用就越来越弱了。小时候钟情的玩具，很有可能会被冷落在角落里。明明是最近最喜欢的玩具，怎么忽然就置之不理了呢？仔细想想，人类的小孩儿不也是一个样嘛！所以铲屎官就不要那么玻璃心啦。

拨开黑暗，勤于捕猎。能唤醒野性回忆的游戏，才能激发猫咪的活力。您的爱猫更喜欢哪种运动模式呢?

猫咪长大成“人”以后，渐渐不再需要通过游戏的方式磨炼自己的狩猎技巧。或者，也可能是它已经意识到“生活在这样的房间里，没机会狩猎啊，练习什么的，没必要练习”的骨感现实了吧……

作为狩猎性动物，猫咪身上狩猎本能不会消失。只要刺激源足够强大，猫咪还是会乐颠颠地开始玩耍的。年纪再大，也会本能地对刺激做出反应。运动能帮助猫咪缓解心理压力，也能增加猫咪与你的接触机会。所以请隔三岔五地专心陪猫咪玩一会儿哦。

不服输的小孩儿也很可爱

对于铲屎官来说是游戏，对于本喵来说可是一本正经的角逐啊！心慈手软可不是我的个性！全面反击！

忘乎所以的游戏导致流血事件，可别忘了这是一只小小的野兽哇

猫咪做游戏的时候是很认真的。与人类不同，猫咪并不会因为对方是熟悉的铲屎官而手下留情。

貌似漫不经心地睡午觉，实则是在为走向捕猎战场的时候积蓄体力。

在跟铲屎官玩耍的时候，猫咪可是全身心投入其中的，有时候甚至会凶相毕露。明明是用玩具啊逗猫棒什么的撩戳猫咪的小脚丫，没想到猫咪一口咬住了你的手……一场开心的游戏以流血事件而告终。

其实，猫咪心里清清楚楚地知道，玩耍的对象是最亲爱的铲屎官。所以通常正面交锋的时候，它们会收起锋利的指甲。因为真的不愿意伤害到你呢。

而发生流血事件，只能说是一场意外了。猫咪生性不服输，虽然因为“对方是人类呀，要不要这么认真啊”犹豫了一下，还是用力过猛啦。如此率真的猫咪，也蛮可爱的吧。

其实在繁殖期以外，猫咪不太会发生真正的争斗。哪怕对于领地入侵者，也只不过威胁几下而已。与铲屎官一起玩耍的时光，是真心快乐的哦。发现自己的新本领很快乐，能不断挑战自己的极限也很快乐。

但毕竟猫咪是小小的野兽。即使在玩乐当中，心里也始终保留着要证明自己是征服者的欲望！

“哎哟哟，害羞了吗？”

“马上就要破功”的时候，要瞬间采取自救的魔法行动

蜥蜴的额头上有一种叫作光感受性细胞群的组织，可以帮助蜥蜴感知太阳的位置，起到罗盘针的作用，因此也被称为“第三只眼睛”。人类，则用“天眼”来表达这种“第三只眼睛”的概念。其实，在猫身上也有这样的情况，那就是被称为第三行动的“转移行动”。

转移行动是与本义行动有所区别的行为，目的是为了抑制不安和动摇的心理。具体来说，为了掩饰捕猎失败的害羞心情时，想赶紧从进攻还是逃跑的纠结中解脱时，猫咪可能忽然开始舔毛。好像是要让自己的脑内系统重启似的。

到嘴的鸟儿飞了、被老鼠耍了……啊！谁也没看见，谁也没看见！这种心情出现时，猫咪就会为了掩饰尴尬而开始舔毛哦。

养猫时间很长的人，都很了解“尴尬到只能舔毛”的情形。比方说干了坏事被批评时，想要扑逗猫棒却扑了空时，猫咪会趁你一个不留神就转过去舔毛了。

猫咪听不了一点儿批评，也绝对接受不了被鄙视、被捉弄。就算主人嘴上不说，猫咪也能从空气中敏感地察觉到异样的气氛。骄傲如猫，它们的“玻璃心”广而周知。在被主人批评的时候，只有赶快开始转移行动，才能把自己从无法忍受的局面中抽离出来。这就是喵星人用来自救的“魔法行动”。接下来，可能还会要假装若无其事地睡上一觉呢。

只有我家主子这样吗？

猫咪的性格

特别爱撒娇的猫咪

露露是一只黑色的小母猫，撒娇到连家里人都开始敬而远之了。也正因为如此，只要有人摸摸它，它就会顺势躺下咕噜咕噜。就连剪个指甲，也会躺下咕噜咕噜……这就是传说中的皮肤饥渴症吗？

野泽先生的话：撒娇是猫咪的特权。但是咕噜咕噜可并不一定都是撒娇的意思，也可能是为了缓解自己的紧张呢。

像人一样嘴急的猫咪

我家的猫要是肚子饿了，就会把空猫粮盆叼到我脚边来。看一眼空空如也的小盆，看一眼我。这一套动作连贯有序，带着决不妥协的气势。除此之外，还有一些跟人很像的行为。说来猫咪还真有些地方跟人很像。难道是我的错觉吗？

野泽先生的话：喵喵叫都不起作用了嘿！倒不是说猫咪在模仿人类，但是它们确实是在通过行动来提出诉求。

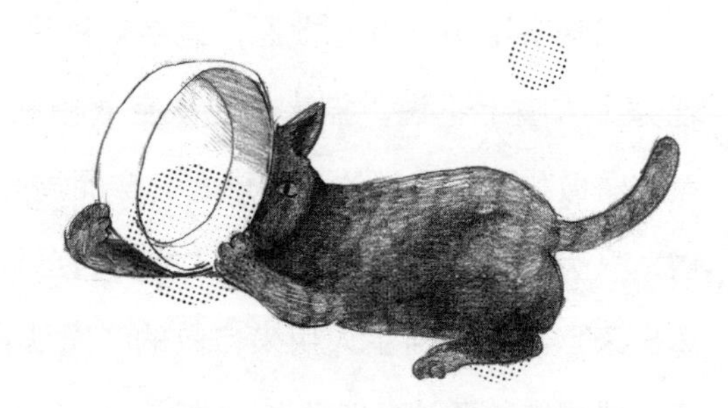

佛系猫咪

家里的猫妈妈生了 4 只小猫，老大哥体格最大，也最忠厚老实。它从小就是佛系猫咪的性格，我从没看过它龇牙威胁别人，也没看过它伸“手”打人。抱在怀里就抱在怀里，晃悠两下就晃悠两下，无论如何都不做出任何反抗。就连流鼻涕也满不在乎，好像对舔毛也不太感兴趣。这种性格，真的做不了野猫吧。

野泽先生的话：基本上来说，不能指望它成为野猫了，还是在家养着好好喂食吧。如果猫咪的性格不生猛，行动不敏捷，可不能放生到野外去哦。

容易孤单寂寞冷的猫咪

我家到车站要走 15 分钟左右。全家人一起出门的时候，家里的猫偶尔会跟着一起出来。有一次它跟着我们一直走到了车站旁边的草坪上，当我们回来时听到草坪一角传来喵喵的声音，叫了两声名字，走出来的果真是我们家的猫。它一直在这里等了我们半天的时间啊。之后，这种事情又发生了好几次。其实，也不是一个人不能回家啊……只是想等我们一起回家吧。可是，一直等下去不会累吗？

野泽先生的话：跟猫咪一起散步固然是好事，可是要小心过往车辆。有些猫咪就是因为这样的原因消失不见的。

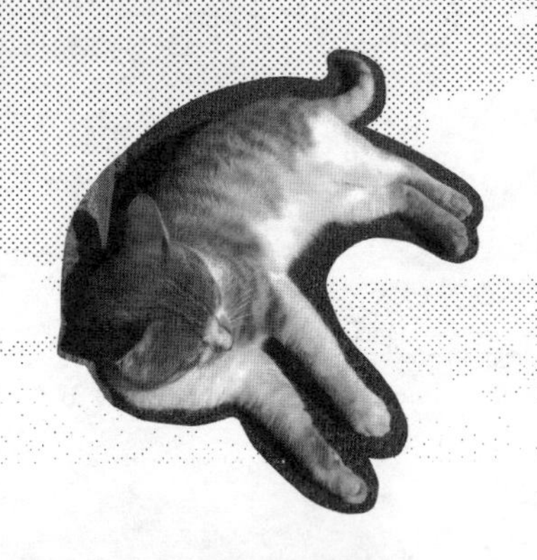

为什么能生出这样的毛色呢……

猫咪毛色的七大不可思议

从黑黄开始发生演变的猫咪毛色

家里养猫的人，经常会遇到跟自家猫毛色接近的野猫。有时候出演猫粮广告的小猫毛色，也跟自己家猫有点儿类似。但如果仔细观察，你会发现没有哪两只猫的毛色是完全相同的。当你明白这一点，就会更加偏爱自家的猫咪。猫的毛色，大致可以分成虎纹、三花白、三花黑、银虎斑、花斑这几个种类。最有趣的是，猫妈妈和孩子们的毛色可能非常类似，也可能大相径庭。猫咪的毛色究竟是由什么决定的呢?

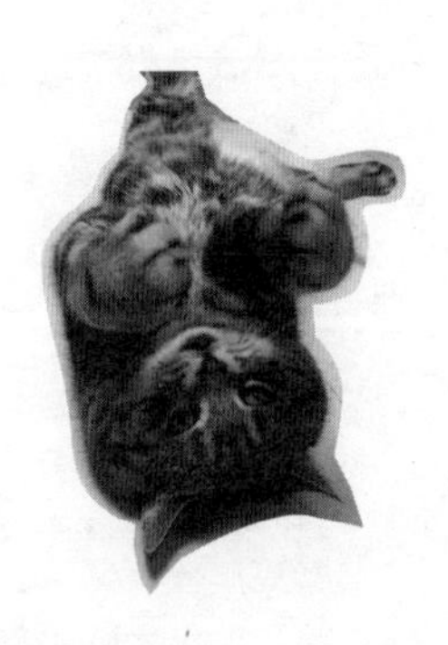

日本猫的祖先是野生山猫。如果再往前追溯，还能溯及原本生活在中东地区的利比亚山猫。利比亚山猫身上有黑色和棕色相间的条纹，也就是我们现在说的“虎纹”。山猫在岁月的变迁中，一点一点融入了人类的生活环境，也慢慢繁衍到了世界各地。可是不知什么时候，山猫原本拥有的“虎纹”遗传因子发生了变异，孕育出了新的毛色和花纹。例如黑色与灰色相间的银虎斑，还有黑棕白相间的三花等。带着这种毛色遗传因子的猫咪继续繁衍，让它们的毛色发生了更为复杂的变化，所以我们才能看到这么多种类的猫咪毛色。

根据古代画卷和历史文献，我们推测早在平安时代，虎纹猫、黑猫、夹杂着白色的花斑猫就已经出现在日本了。到了江户时期，黄色虎纹猫、白猫等毛色更加明亮的猫咪有所增加。有人认为这是因为随着不断开放的进出口贸易，更多欧洲猫、亚洲猫的遗传因子也流传到了日本。

19 世纪 50 年代中期，只有耳朵、鼻子、手掌等处有重点色的猫咪也进入了日本。从此以后，毛色变得更加多元化了。

被遗传因子的排列组合所改变的毛色

在日本，最常见的毛色就是虎斑。虎斑可以分为 3 种。其中之一就是之前介绍过的，最为传统的黑黄花纹。虎斑这个名字的由来，是因为颜色组合跟老虎有点儿类似。如果决定灰色毛发的遗传因子混入了虎斑的遗传因子中，就会出现黑灰条纹的毛色；而决定橘色毛发的遗传因子混进来，就会出现黄色虎纹。其中银虎斑的出现时间最晚。

据推测，银虎斑的毛色很有可能是战后从海外流传过来的外国猫与日本猫交配后繁衍出来的。所以从数量上来说，银虎斑要远远少于黑黄虎纹和黄色虎纹。

同为虎纹，也会因为花纹的位置不同而有不同的称呼。例如背后和头顶有虎纹，但肚皮是白色的猫，根据白色的多少可能会被称为“白虎”“黑灰白”“白橘”等。如果白色比例大，多数被叫作“白○○”；白色比例小，多数被叫作“○○白”。有微妙的不同呢。

虎斑花纹，在学术上被叫作“鲭虎”。这是因为花纹的模样跟鲭鱼很像。如果再往细了说，还能分成“银虎”“棕(黑)虎”“黄虎”等。

一家人的花色不同，也不是什么稀奇事

在外散步的时候，能从毛色上看出来猫妈妈和它的孩子或者猫兄猫弟等。可是，怎么也会有猫妈妈是三花，可孩子是橘猫的情况呢？的确，猫咪的亲子之间，经常发生毛色完全不同的现象。这是因为毛色的遗传因子中，有“显性基因”和“隐性基因”。显性基因比隐性基因更容易出现在下一代的身上，当猫妈妈和猫爸爸的基因结合在一起时，可能好几代猫之前的隐性基因会出现在猫宝宝身上。其实人也一样啊，不是经常会有那种“你跟奶奶年轻的时候长得真像啊”这种感叹吗，道理都是一样的。

我们刚才讲到猫咪祖先是黑黄条纹的，经过变异之后才出现各种各样的花纹。但别忘了还有灰色、黑色、白色等单色猫咪呢。因为大多数的猫身体里的遗传因子，都能为每一根毛编辑出专有的颜色（然后形成深浅相间等条纹花纹），但单色猫咪身体里却有另外一种因子抑制了这种遗传因子发挥作用。例如如果虎斑猫身体里的黑色遗传因子抑制了编辑花纹的遗传因子时，就会生出一只纯黑的小猫。

而白猫身体里的白色基因是一个特殊的基因，因为它比其他颜色的基因都要强大，是一种可以盖住其他基因的显性基因。所以只要继承了这种遗传因子，猫宝宝就一定是白色的（虽然猫妈妈是白色的，也有可能猫宝宝继承不到白色因子）。通过这种遗传因子的组合，单色猫咪就出现了。

三花都是母猫，大多数银色虎斑也是母猫

我们经常能看到黑白、黑橘白、黑橘这样两三种颜色混搭在一起的猫咪。这种风格的猫咪体内，都有黑色毛色的遗传因子，与其他遗传因子混合在一起以后决定了猫咪的毛色。例如，如果黑色遗传因子和白色遗传因子搭配在一起，就会生出黑白双色的小猫。橘色遗传因子与其他遗传因子组合在一起，就会生出橘色虎斑。如果再加上一点白色遗传因子，就会出现三花。这种决定毛色的遗传因子，与决定性别的染色体有关，并且通常都是只要雌性才能拥有的遗传因子。我们常说三花一定是母猫，就是这个道理。另外，橘猫当中公猫比较多。

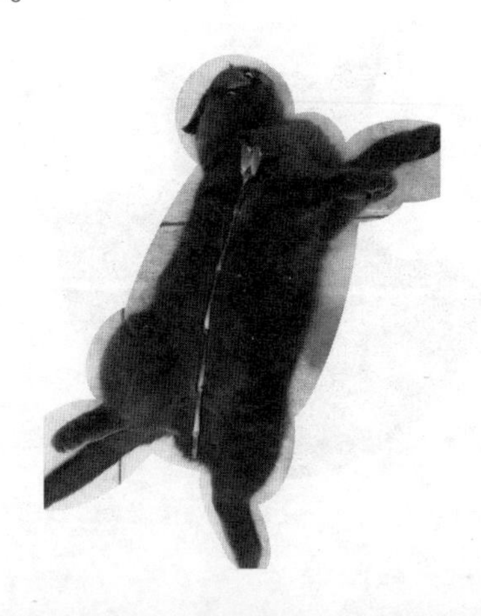

国外常见的花斑猫

日本虎斑猫的花纹，几乎都是直线条纹。但是美国短毛猫身上的花纹却是大块大块的斑点，这在日本猫当中并不常见。欧美地区的猫咪的毛色，几乎都是这种大块斑点的样子，而且毛的颜色也跟日本猫的颜色略有不同。日本虎纹猫的毛色多为棕色、橘色等，但欧美地区的虎斑猫则多为银色、暖米色等。我们可以认为，这是因为欧美系猫咪身体里有更多银色毛色的遗传因子，以及可以淡化毛色的遗传因子。听说日本猫在欧美地区人气很高，但我也发现最近养欧美猫的日本家庭越来越多了。说到底，还是物以稀为贵啊。

无论什么花色都可爱到爆——不可思议的猫咪魅力

说到这里，我们已经概述了猫咪的花色种类，真是各有特色！有的头顶有三七分的刘海，有的屁屁上有心形的标志，有的黑白分明像小奶牛一样，有的只有指尖是白色好像刚刚踏雪归来。偶尔，也会遇到花纹古怪得让人心生爱怜的小东西……

但不可思议的是，无论什么花色，猫咪带给人的都是可爱、温柔的印象。难道人类身体里有生而为猫奴的基因吗？从古时候开始，人就开始评论和欣赏各种猫咪毛色的特点，但绝不会因为单纯的“美丑”来改变对猫咪的热爱。能如此强烈地控制住人类审美的，就只有猫这种生物了吧。

第3章 真是让人头疼啊

“你知不知道我生气了？”

一旦进入磨爪子的狂热中，谁都制止不了它。但只要主人一声怒吼，马上会唰的一声逃掉。其实有在关注主人的动向哦。

悄悄瞄着怒火中烧的眼神，在最后一秒钟匆匆逃掉

忍不了了，忍不了了，忍不了了啊！猫咪一旦开始磨爪子，就会拼命地抓来抓去，好像急不可待地要释放自己的能量。无论是客厅的壁纸，还是卧室的柱子，只要猫咪认准的地方，谁都阻止不了它。

就连发觉到你在看自己，察觉到你已经怒火中烧，还是会伸出前爪的指甲抓啊抓！时不时用圆溜溜的大眼睛看看你，仿佛做好了随时逃生的心理准备。当你发出“不许磨”的怒吼的瞬间，猫咪就会如脱兔一般远远逃开。

说到猫咪淘气，最头疼的就是磨爪子了。神志清楚的时候，还知道要到主人准备好的磨爪板上去挠两下。可是磨爪子也有做记号（占地盘）的目的啊，或者心神不宁的时候，就会不受控制地做出转移行动。这时候，家具墙壁什么的就难逃厄运了。

猫咪并不是想激怒你，也知道什么是不能做的事情。但是反复磨爪子的行为来自动物本能的驱使，痛快淋漓地磨一会儿爪子是转换情绪的最佳选择。如果因为主人的怒吼逃跑，说不定什么时候又会另找地方磨爪子了呢。但所谓“淘气”，也只是人类的一面之词啊。猫咪也有转换情绪的权利，对不对?

就算没办法教育猫咪，“被猫咪教育”也总是可以的吧

说到家庭教育，首先想要教育猫咪的想法就是大错特错。

因为猫咪并没有想要尊敬，甚至于服从于主人，所以并不能领会人类所发出的指示和命令。主人能跟宠物狗建立明确的主从关系，而且对狗狗的家庭教育非常重要。但这点并不适用于猫身上。猫，就是猫。

真的就没有教育猫咪的方法了吗？并非如此！但要方法得当才行。这个方法，不是人类对猫咪颐指气使地做要求提意见，而是要求人类换位思考地去理解猫的行为、习性，然后采取相应的行为。

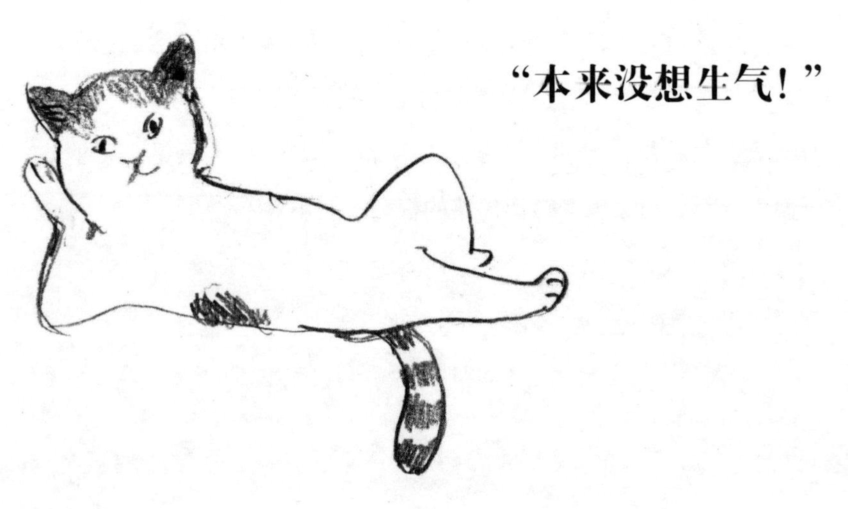

例如猫咪排泄后一定要盖猫砂，那么作为铲屎官就应该及时准备好猫砂。猫砂盆脏了，猫咪就会跑到别的地方排泄，所以铲屎官必须要及时打扫。

猫咪偶尔在家具上磨爪子，那在家具上贴上保护条不就好了。猫咪把在外面捕捉到的猎物带回家里，这可是让猫咪大感骄傲的事情呢。这时候要是主人一脸嫌弃地训斥猫咪，只能让它一头雾水，心灰意冷呢。无论猫咪带回什么，请尽力亲切友好地接受这个馈赠吧。

与其说对猫咪进行教育，不如说人类更应该学习猫咪的习性，接受“来自猫咪的教育”呢。

猫，是随心所欲的动物。如果这也生气那也生气，跟猫咪一起生活的意义就会大打折扣。只要猫咪能随着心意幸福地生活，作为铲屎官的你就睁一眼闭一眼吧。

“所以说，睡在这里是怎么回事儿？”

“一定要征服魅惑了铲屎官的电脑键盘！”

在自己打下的江山里，猫咪一定要确保自己处于征服者的地位。

只能霸占铲屎官的膝盖、床边，那可不是征服哦！当猫咪想方设法地让你放下正在阅读的报纸，再横躺上去的时候，才能获得征服者的快感。

每天早上，当你摊开报纸的时候，猫主子心里就已经拉响了警报——“注意，猎物出现！”有人以为这时候猫咪过来是要争宠，殊不知猫咪心里只想把报纸坐在屁股底下享受一下征服者的骄傲。

最近，更多的猫咪想要征服电脑键盘。

铲屎官越痴迷于电脑，猫咪就越要征服键盘。间接性的，好像也支配了铲屎官的行为。

跟柔软的毛巾、绒毯相比，明明键盘的触感凹凸不平好不好。但谁让电脑画面吸引了铲屎官全部的注意力呢。事态发展到这个程度，猫咪不可能放任不管！争分夺秒地也要赶紧征服“抓着铲屎官的手不放”的键盘才行！你越想抢回电脑，猫咪的势头就越强大。这时候啊，只有假装“好吧，电脑给你用”才能奏效，但是难免心里懊恼，怎么养了一只占有欲这么强的小家伙呢。

要是想过一会儿抢回键盘可没门。毕竟是你那么看重的键盘，不在上面睡上一觉怎么行呢。

以为是在帮你暖凳子吗？那是你想多了

寒冷的时候，稍微从椅子上起身去个洗手间、倒杯茶，在返回来的时候，椅子已经被猫咪占领了……

这是常见的事情吧。当你意识到的时候，已经太晚了。猫咪稳稳地占据着椅子正中央，好像你才刚刚起身的事情是一种错觉。

猫咪永远会紧紧盯住征服的机会。在寒冷的季节，所谓征服就是抢占家里最暖和的地方了吧。碰巧你起身离开椅子，那不就是主动“让座”的意思嘛。猫咪确认了温乎乎的椅面以后，想当然地要霸占这里啊。

“抢椅子的话，我可是一点儿胜算都没有啊！”

你是后来的，单凭几句抱怨是绝不可能让猫咪让座的，除非你用力把猫推走。虽然你说“我还要继续工作啊”，可是猫咪还是会横眉立目地斜眼看你，甚至喵喵的叫声里还会夹杂着平时少见的怒气。意思大概是：“怎么遇到这么不讲理的铲屎官啊！抗议！”

大多数的时候，你还是要考虑到端坐在椅子正中央的主子的感受。要么重新搬一把椅子过来，要么委曲求全地半个屁股搭在椅子边缘继续工作。

对于猫来说，家里所有的一切都是自己打下的江山。而你，也只不过是寄居在此的人类而已。只有朕，才是永远占据优势的主子。冬天抢椅子的游戏，基本都是以主子完胜而告终。

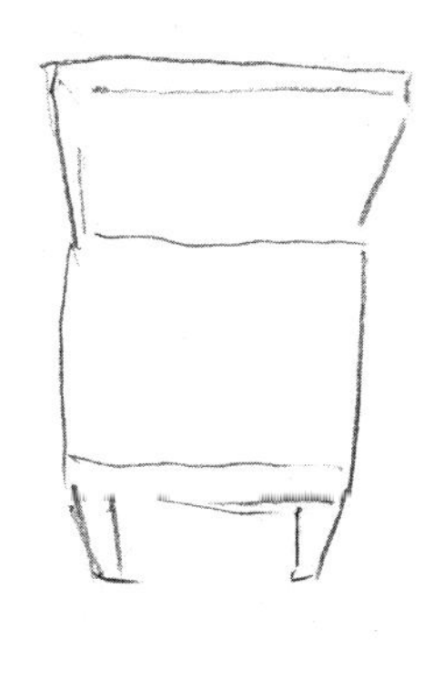

一把温暖的椅子。铲屎官只要离开一瞬间，主子就会取得全面占领的胜利。去洗手间？还是保护椅子？冬季里的真实烦恼。

大清早的心脏冲击

肚皮是最好用的着陆平台吗？ 猫咪在自己地盘里的随心所欲

养过猫的人，都被当成过软着陆平台吧。清早也好，深夜也好，猫咪会随时随地空降到主人的肚子上或者胸脯上。随着“啊”的一声悲鸣，心里全都是“为啥偏偏选择我”的疑问！明明跟不够平滑的自己相比，床啊、地面啊更稳当啊。其实啊，空降到你身上只是因为你是个方便的踏脚板而已。

如果空降频繁发生，你会渐渐能分辨出猫主子空降的时机。恭喜你，终于学会了观察书架上、衣柜上微妙的气氛变化。

虽然这比完完全全的空降要好那么一点点，但也确实太过惊悚。毕竟要经历“要来了、要来了”这种惊心动魄的等待。特别是早上还没完全醒来的时候，猫咪一声不吭地空降到胸上，对心脏真的是太不好啦……

在自己的领地当中，猫咪肆无忌惮地为所欲为。特别是年纪尚轻的猫咪，非常喜欢上蹦下跳飞来飞去。而飞身一跃的时候，碰巧你就在下面睡觉，跳在上面又有弹性，真是一个不错的踏脚板呢！

但毕竟是共同生活的室友。可能，猫咪只是想让你了解一下自己的弹跳力也说不定哦。

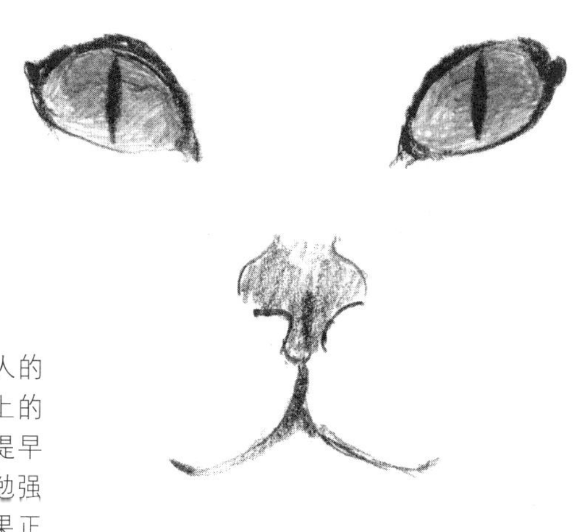

准备跳到主人的肩膀、肚皮上的猫咪视线。提早注意到的话勉强能接受。如果正在睡觉，就只能听天由命了。

“我想吃的，并不是这种饭。”从主子背影中噼里噼里地传播出内心独白，请尽量满足这点小要求吧。

无言的抗议

不只是表达不满的诉求哦，用后背说话的猫咪需要你更多的关怀

猫咪无言的抵抗，力量强大。

虽说“无言”，但是猫咪敢于表达自己的情绪，也侧面说明它的生活很幸福。

静坐在猫粮盆前面。这种抗议活动的意识已经再明显不过了——“拿点更好吃的东西来！”

如果只是单纯地找饭吃，猫咪会直截了当地喵喵叫。要是主人不理不睬，猫咪会竖起尾巴径直走到主人脚边转悠。虽然有个体差异，但是猫咪对于食欲的表达通常都是清楚明了的。毕竟，“猫”以食为天嘛。

但无言地静坐，是想通过背影表达自己的意图。我们可能会主观地把静坐解读成“挑食”“没胃口”“开始贪吃啦”等，但其实猫咪的诉求要更加深刻而理性。

例如，“最近吃的都是这一种猫粮，能不能换个口味呢”“总是让我吃这种不新鲜的加工食品，不能给点新鲜蛋白质吗”等。

想想吧，不能自己狩猎的猫咪对饭菜有所挑剔，也算是理所应当的事情吧。背对着你默默抗议的猫咪，需要你更多的关怀哦。

“不想见到这样的你！”

“您请便。”猫咪不知从哪里叼回来一只猎物。以动作敏捷著称的猫咪，狩猎才是本能的爆发啊。

你看到的残酷一幕，只不过是无法抑制的狩猎本能

虽然猫咪摆出一副得意扬扬的模样，但主人却对这从外面带回来的“猎物”深感困扰。蝴蝶啊，蜻蜓啊什么的倒还好说，还奄奄一息的麻雀和小老鼠该怎么办啊？有些体质柔弱的主人，几乎当场晕倒。只有能自由外出的猫咪才有可能从外面带猎物回来，但生活在室内的猫咪也会抓抓小虫子，到阳台上捕捉知了什么的。

猫咪捕到猎物以后并不会马上杀死它们，而是用前爪先玩弄一番。猎物以为看见了逃生的希望，却又被反反复复抓回来，真是悲惨啊！直到它们玩够了，才会吃进嘴巴里。对于面慈心善的铲屎官来说，这恐怕是最不忍直视的一幕吧。

这种行为来自猫咪的狩猎本能，即使肚子不饿也不会错过狩猎的机会。如果猫咪小心翼翼地把猎物摆到你的面前，你一定更加不知所措吧。其实它们并非在炫耀自己捉来的猎物，更多的是母性本能让它们自发地想要给你食物。“捕点食物给这个不会自己捕猎的孩子吧。”可怜天下父母心啊。

所以不要大惊小怪哦。请对猫咪怀有感恩的心，然后悄咪咪地把猎物处理掉就好了。可不能大声抱怨，埋没掉猫咪的本能哦！

以野生的名义俯视你

感觉到了上面传来的视线，抬眼看去，是猫咪在那里盯着自己。养猫的人，都有这样的经历吧。这种行为，也同样来自野生时期的习性。猫是单独狩猎的动物，常常攀登到树枝上隐藏起来等待猎物出现。而且越是在高处，越能尽早发现对自己虎视眈眈的天敌。即使现在猫咪跟人类在一起，过着衣食无忧的生活，但这种记忆仍然没有消失。虽然没什么敌人了，但是本能驱使着猫咪要尽早感知环境的变化。

在猫咪社会中，社会地位越高的猫咪，才能拥有更高的地理位置。

猫咪打架以后，经常会出现上下位置改变的逆转。有的主人可能会注意到，睡前猫咪在书架上面，醒来时猫咪在床头上，总之就是要比自己的位置高那么一点点。很有可能，猫咪在肆无忌惮地俯视着铲屎官的生活哦。就连那些会把猎物带回家的猫咪，也怀揣着“高人一等”的心理——“我要是不给你找点吃的，你肯定喂不饱自己。”一片老母亲的深情啊。

在刚刚搬家或者改变了房间布局以后，大多数猫咪都会跳到高处掌握主动权。其实这时候，它们心里满满都是恐惧和不安。有时候猫咪会趴在门框上，然后忽然飞跃下来吓主人一跳。这样的猫咪通常戒备心都很强，相反，从小就被主人当成独生子养大的猫咪，心里没有什么恐惧的阴影，就不会有这种戒备心理。即便身边发出奇怪的响声，也只是抬眼看看发生了什么而已，随即又继续闭眼假寐了。看着它心无芥蒂的样子，不禁担心它去了野外没法生存呢。

小时候能从柜子上驾轻就熟地跳到地上来。可是年龄越大，肉越多，主人免不了担心这么跳下来会让猫咪受伤哦。

“以你的体重，可能吗？”

儿童时期身轻如燕的动作已成追忆，美食和缺乏运动导致的肥胖越来越多

“为什么不能直接告诉我‘变胖了’了呢？什么抱着我走路腰疼啊，我走路的时候肚子贴地面了啊，这种扭扭捏捏的话真是听够了。刚才我想爬到窗台上，结果没上去啊！以前窗帘也好，窗台也好，我都视为平地一般的啊。真怀念过去身轻如燕的时候……”

年轻的胖猫猫的心声，会是这样的吗？与小奶猫相比，成年猫的骨架更结实，脂肪含量更多，不能再像小猫一样到哪里都踏如平地，但是看到纱窗上有小虫子，还是会想飞起来拍一下的。

在室内饲养的猫咪，最需要留心美食与缺乏运动导致的肥胖。猫咪有点圆润倒是非常可爱，但是千万不能每天大吃大喝，因为热量过多导致的肥胖是万病之源。

如果你摸到猫咪的肋骨外面包着一层厚实的脂肪层，或者眼看着小屁屁变成圆形，俯视脊背的时候腰身呈现出茄子状……就说明你家猫咪属于肥胖猫了。

猫咪白天也会假寐，是为了保存体力，确保在任何需要狩猎的时候随时出击。在根本不需要狩猎的生活环境中，难免发生肥胖问题。对于主人来说，不仅要严格控制猫咪的饮食健康，更需要拨出固定的时间陪伴猫咪玩耍！

磨爪板，越高级越好吗？

进口皮革制品是最高级的磨爪板，一不留神就遭遇悲惨结局

一双散发着光芒的粉色软皮拖鞋，产地法国，像芭蕾鞋一样柔软跟脚。脱鞋上床，想着能不能做一场“关于巴黎的美梦。”请注意，千万不能大意！

脱在床边的鞋，将成为猫咪的磨爪板！而且还是味道迷人的磨爪板！猫咪好像特别喜欢外国生产的高级皮革制品，一定仔细闻过以后专心磨爪子。花大价钱买的意大利提包，可千万不能放在猫咪能碰到的地方啊！

刚入手的软皮鞋，进口货！万万没想到，一双锋利的小手正在悄悄靠近……千万别忘了把鞋放进鞋柜里！

最原始的磨爪子的目的，是为了让最外层的陈旧指甲层脱落，这样才能保持爪子健康锋利，进则捕猎进食，退则爬树登高。而且唰唰唰地磨爪子，多让猫咪心旷神怡啊。顺便把脚底的味道蹭到这里，轻松实现健身和占地盘双丰收！“这点磨爪子的自由，你就放任了我好不好嘛！什么？你问我为什么不喜欢剪指甲？因为我并不是只想把指甲剪短啊。”这是猫咪的心里话，请铲屎官们隐忍一下吧。柔软可爱的拖鞋什么的，不要毫无防备地摆在地板上就好了，否则很快就会成为猫咪的目标……

唰唰唰的磨爪子声，一定能让猫咪心旷神怡。抱歉咯，我可不是诚心让你生气，要怪就怪你自己不小心咯。

三更半夜，主人关灯就寝。幽暗的空间唤醒了猫咪狩猎的本能。身体蠢蠢欲动，“好啦,比赛开始”！

“今天的运动会开始啦！”

黄昏时分，狩猎开始，猎物的鲜血染红了夕阳下的云朵

铲屎官们都熟知的“深夜运动会”，是的，就是指猫咪黄昏时、深夜时在房间里急速跑跳的行为。一旦开始就不能停止，只能静静等待主子自己安静下来。

所谓运动会，也来自古老的野性。当周围光线变暗，狩猎的兴奋感席卷了猫咪的每一根神经。从黄昏开始，到天明为止，整个夜晚都是猫咪放浪不羁的狩猎时光。

第一次看到完全没征兆地开始飞奔的猫咪，还以为它脑袋出了什么问题。家里空间有限，摆台啊，盆景啊，纷纷倾倒在地，急转弯的时候还会撞到墙上，真让人头疼。

大多数的时候，这种疯狂的运动将会从深夜开始。这是因为人类从傍晚开始就点灯，直到睡前才熄灯。当猫咪意识到幽暗的时刻终于降临，就会不顾一切地投身到运动会当中去。就算你大吼着“安静点，睡不着啦”，猫咪也理解不了你在吼什么。对猫咪来说，血腥的狩猎骚动不过是生理本能而已。

从这边到那边不停地跑来跑去，然后在某一瞬间忽然戛然而止。不到 2 岁的小猫经常会有这种行为，年纪大了就会好很多。请不要过度担心。

千方百计钻进这么窄的地方……

身处位置越高越狭窄，才越能感受到自己的优越感

猫咪喜欢幽暗狭窄的空间，而不太中意宽敞的地点。休息的时候也好，逃跑的方向也好，它们都会优先选择比较局促的空间。

通常这样的地方，都在书架上、衣柜上，正好能鸟瞰周围的情况，太合心啦！要是能攀到最上面一层，那优越感和征服感就会更加强烈。在遥远的古时候，猫咪经常趴在高高的树枝上一边休息一边等待猎物出现，总之就是高处才能让猫咪高枕无忧。在猫咪社会中，也有一条不成文的规定——地位高的猫咪才能身处高位。

要是能征服一个陌生的狭小空间，猫咪会在那一个瞬间幸福到恍惚。高度是身体的好几倍，一蜷腿蹦上去，再毫不犹豫地一跃而下，甚至不发出一点儿声音！真就是这样的汉子，跳跃和着陆都是最自信的拿手好戏！

猫咪还会经常把小东西推到地上去，据说这是因为它们要清空自己领地里的障碍物。听到“咣”的一声，家里人一定大惊失色地跑过来看，这时候猫咪不正好炫耀一下自己征服的高地嘛。对于这样的“预留地”，还是提前打扫一下比较好。

在猫咪喜欢的地方摆放东西，就会惨遭不测。“这里不是我的头等舱吗？”猫咪在清场之前可不会跟你商量的。

“不许插队！”

“一开门就插队，不进去看看就受不了吗？”

“刚才明明在那边啊，什么时候跑到我脚边来的？”只要打开壁橱或家具的门，猫咪就会利利索索地钻到里面去，一副理所应当自己应该先进去的模样。

要去洗手间，前脚还没进去，猫咪就已经捷足先登了。根本进去没什么事要做嘛！只是猫咪啊，好像就是喜欢“抢在别人前面进门”，有点儿莫名其妙。

因为好奇心旺盛，也因为想提前确认一下主人要去的地方到底有什么吧。

要是被猫咪抢先进到柜子里，铲屎官的事情都做完了也不能马上关门（虽然也不知道主子在里面干什么），心里总是惦记着这点儿事。

而且特别需要铲屎官注意的是，千万别因为没注意到主子潜入其中，擅自关了门，把主子锁在里面啊！如果你觉得好像听到了隐约的喵喵声，那就一定是主子在愤怒地抗议着："放我出去！"

这种捷足先登的行为，是猫咪的一种消遣，也是与你交流的一种方式。至于门后面到底有什么，其实并没有那么重要！抢在你前面进到门里，怎么也能跟你的行为和举动挂上一点儿关系，或许还能因为一点儿小小的优越感而感到满足呢。

噌噌噌地从两脚之间跑过去，要到铲屎官的前面、前面！即使前面没有猫咪喜欢的东西，但是总不能落在铲屎官的后面啊！

“真想问问你，在房间里探险就这么让你满足吗？”

猫咪生活在强烈的占地盘意识中。尽管如此，现如今的生活模式也已经跟过去发生了很大的变化。

最近的猫咪大多数时间都在室内生活。特别是那些生活在城市里的猫咪，根本不能随心所欲地游走在家里和户外之间。考虑到居住地点、周边环境、交通事故、细菌病毒等危险因素，放任猫咪自由外出的主人会被责怪“没有责任心”的！

在室内生活，能最大限度保护好猫咪的安全，也有数据显示室内生活的猫咪寿命更长。最近的研究表明，近年来猫咪的寿命有所增加，15~20 岁的猫咪也不在少数。

趴在玄关前面感受微风拂面，在窗前向附近的猫咪致意。因为不能出门，就连这点小小的刺激也享受不到啊！

可是也正因为生活环境的改良，不少猫咪变得过度肥胖，不但没办法显示出猫咪的矫健身手，也会因为生活习惯病苦恼不堪。生活圈子被局限在室内，如果主人的房间是单居室，那活动空间就更小了。

从前，猫咪能把自己的地盘扩大到数百米到数公里那么大。它们在自己的领地中自由狩猎、自由生息，始终保持着亦静亦动的状态，维护着喵星人的尊严。我们不能断言究竟哪种生活更幸福，真想听猫咪亲口说一说它究竟对室内生活做何感想呢。

哼（你是谁？）！认生这种行为，对地盘意识强烈的猫咪来说只是正常的行为。不打不相识嘛。

“请与猫朋友和谐共处！”

“谁啊？先吓唬一下再说！虽然也想交点猫朋友。”

房间里的猫咪，忽然发出呜呜呜的低吼声，这是在吓唬谁啊？

哦，原来窗外出现了一只陌生猫咪。虽然房间里的猫咪并不会踏出房间一步，但内心深处已经把视线所及都当成了自己的领地。如果陌生面孔闯了进来，那可不能坐视不理。

喵星人不会试图建立社会团体，它们习惯了独来独往，所以特别看重自己的领地。所以不管隔壁家新出生的小猫咪多可爱，也要当成入侵者先驱赶出去！就算铲屎官好生说“多可爱的小猫呀，交个好朋友吧”，也可能充耳不闻。

如果在室内碰上了陌生猫咪，局势就更紧张啦！先要龇牙咧嘴吓唬一下，如果对方还继续靠近，那伸手就是一猫掌！要是碰巧是一只性格弱势的猫咪，也有可能自己先找地方藏起来。

初次见面的恐吓，是猫咪自然而然的一种行为，并不是一定要大战一场的意思。一旦明白对方并不是“来抢占地盘的非法入侵者”，也有很大机会跟对方和谐相处。

同时饲养好几只猫的时候，要充分尊重原住猫，确保各自的居住领域

首先，猫咪好像并不畏惧孤单。因为它们原本就是独居动物，能够在独自平和的生活中得到满足感。何况，还想独占铲屎官的宠爱呢！

而对于爱慕喵星人的铲屎官来说，恨不得养好多好多猫才高兴。如果这好几只猫是从小一起长大的兄弟，倒也没什么。但如果不得不跟忽然出现在家里的陌生猫朝夕相处的话，那就是一件非常有压力的事情了。

家里的猫越多，每一只猫可以占据的地盘就越小，很有可能会发生靠蛮力抢夺地盘的事情。

同时，喵星人的嫉妒心理非常严重。如果见到你特别偏爱新来的猫咪，原住喵就会觉得被横刀夺爱，然后主动发起难以预知的进攻行为。例如，咬坏你的衣服和鞋子、阻碍新来的猫咪吃饭，反正就是要更吸引你的注意力。

本来并不想捣乱，都是铲屎官的错！要知道，猫咪长时间生活在这种压力中，会导致各种疾病发生，甚至有可能愤而离家出走。要是担心这种情况，就一定要在养第二只猫之前谨慎考虑啊！其实，只要在刚刚接触的时候攻克难关，之后的日子应该可以过得去。毕竟，猫咪的顺从性还是很高的。

对于爱猫之人来说，每一只猫咪都有可爱之处。但是，对家猫来说，新来的猫除了增加自己的心理负担，什么都做不了。

喵喵的叫声不是源自任性顽劣的坏脾气，而是因为心情惬意时情不自禁地吟唱

与人共同生活的猫咪，早已熟知如何强调存在感。可以说，正是因为如此，才能与人类和谐共处。喵星人一旦接受了被某人供养的事实，就清楚地认识到人类已经被自己驯服了。

喵星人喵喵叫的时候，大多数是因为某种欲求不满——它知道铲屎官听到自己的叫声就会屁颠屁颠地赶过来。这种喵喵声意味着某种诉求，越是强烈的需求，越是叫个不停。而且，声音的大小也能反映当时喵星人的心情。

例如大声连续的喵喵喵，可能是急迫地需要缓解焦躁的情绪。

喵（放我进去，我不会调皮哒！）！工作的时候，也不得不委曲求全地满足主子的要求。这时候啊，应该放弃抵抗迅速满足主子的要求，然后再重新回到工作中。

“就是要叫，根本不想停下来！”

例如，“快开门”“让我进去”等需要你尽快回应的要求等，也有可能是对危险进行预知的提醒，总之就是需要铲屎官尽快确认的意思。

相反，也有放低姿态进行恳求的时候。看着主人的脸喵喵叫，那是在小心地询问“你，还不给我做饭吃吗”，或者“能让我在膝盖上趴一会儿吗”等。除此之外，还有更低姿态的“无声喵喵叫”。最强烈的诉求，会用最高声高频的喵喵来表示。这种时候，已经带着最强烈的感情在对铲屎官发声啦！

能够进行这种诉求，恰好意味着喵主子对周边的环境感到安逸，对自己跟铲屎官之间的关系感到满意。猫咪叫得越嚣张，越说明它认可你为它提供的生活环境。不要太计较啦！

猫咪也有情绪！这些情绪就算不说，也能从叫声、表情、身体动作中流露出来。只有铲屎官才有机会学习如何理解这些情绪哦！

叫声多达数十种，尽力去理解的心态非常重要

大致区分的话，猫咪的叫声有 18 种之多。发声方法可以分为 6 个种类。据说喵星人之间是不需要进行语言交流的，只是为了适应人类社会，喵星人才渐渐开始用声音的方式进行交流。

我们听到的，似乎只有“喵喵”的声音。但其实在发声的同时，猫咪的耳朵、尾巴、眼睛、胡须等各个部位的动作，腰的位置，姿势等肢体语言也都在展示猫咪的诉求。这些搭配在一起，可以表达数十种意图。

这有点儿类似于还不会说话的婴幼儿的表达方式，只能通过声音和体态向妈妈传递自己的意图。喵喵叫着打招呼、喵喵叫着小嘀咕、喵喵叫着请求许可、喵喵叫着表达感谢等，其实猫咪也在自然而然地流露着自己的情绪（虽然也有完全无声无息的猫咪）。

一起生活的时间越长，猫咪越希望能争取到与你共处的时间，所以喵喵叫的频率也会有所增加。如果你试图理解喵星人叫声里的奥秘，就不能以拟人化的方式去猜测，而是要更多地去理解它、关爱它。也就是说，不要把猫拟人化，而是要让自己拟猫化。

话说回来，即使你以为已经了解了猫咪，但是也无法判断你的理解是否正确。其实，你的一厢情愿和错觉应该不在少数。愚蠢的人类啊，你怎么能轻易了解到猫咪的内心世界呢。

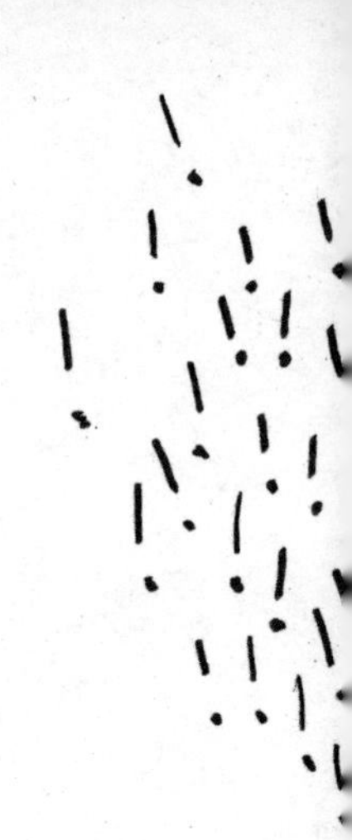

“约会那天别洗脸了！”

用前爪绕着圈圈洗脸的时候，怕是就要下雨了吧

我们经常说：“猫咪一洗脸，大雨倾盆下。”老人说的话可真对啊！虽然也存在地区差异和个体差异，但这种情况的发生概率确实非常大。

在中国，人们认为猫咪洗脸是来客人的预兆，从而衍生出了“招财猫”这种吉祥物。这种被视为“招揽客人”的动作，其实是猫咪在用前爪洗脸（察觉到有人靠近的脚步时，为了克制内心的动摇而开始洗脸）的一种行为。

今天要出门办重要的事情，万里晴空，心情上佳。偏偏这时候，猫咪开始洗脸了。随之而来的，是不断涌来的乌云。

洗脸是一种舔毛的方式，出生 6 周以后的猫咪就已经学会了这种行为。猫咪舔毛，也是随着温度与湿度的变化，通过整理毛发的方式调节体温。当湿度急剧上升的时候，猫咪敏感的胡须和鼻黏膜就已经有所察觉，然后大脑神经就会发出“差不多应该舔舔毛啦”的指示。

特别是当猫咪从后往前捋顺自己的耳根时，往往空气的湿度已经非常高了，所以才能非常准确地预知到大雨将至。时间一长，古时候的人们就总结出了“猫咪一洗脸，大雨倾盆下”的常识。当然，餐后洗脸的行为可跟大雨警报没什么关系。最重要的是，贵宅猫咪即使预测得不准确，也不要太在意哦！

如影随形

哦，这根纤细柔软的猫毛，不就是我家主子身上的吗？出门的时候，一定会随之而来的猫毛，如果你能从中感受到乐趣，那就是正宗的爱猫人士啦。

无论多努力也没办法完全打扫干净的猫毛，好像是爱猫人士专属的烙印一般

听闻“猫过敏”的字样，猫咪深感绝望——脑海中满满的都是“难道要被扔掉吗”的不安和恐惧。

猫毛是随着皮肤陈旧角质一起脱落下来飘浮在空气中的，也是导致“猫过敏”的首要原因。就算不过敏，也让不喜欢猫的人非常反感。

虽然喜欢猫，但是竟然发现自己对猫毛过敏！当铲屎官遭遇这种情形，也许只能在冷风中悲泣啦。可是就这么放弃了吗？就这样要把好不容易养大的猫咪让给别人了吗？只要通过定期给猫刷毛（根据需要也可以洗澡）、定期彻底打扫房间、不让猫进卧室等对策，大多数的问题都能够得以改善。

对于沾在沙发上和衣服上的猫毛，只要用胶带辊咕噜咕噜（辊状胶带纸）粘一下，就能达到几乎看不见的程度。可是说实话，这样也不能完全彻底地清除猫毛。你精心保养的黑色羊绒衫背部、装着重要发布资料的文件夹里……说不好都沾着猫毛。但是你有没有这样的感受：遇见一位妆容一丝不苟的绅士，忽然发现他身上沾了几根猫毛，然后就立刻倍感亲切啦！喜欢猫的人，无论到哪里都要跟猫在一起！

“您是否有点亢奋过度？”

狩猎或者打架以后难以平静，一直保持着亢奋状态

试着开始撸猫。如果主子不反感，就继续撸。如果还是 OK，再得寸进尺也没关系。人也好，动物也好，溺爱终归是不好的，但是对于猫来说，却没有过度溺爱这一说。有点儿不可思议！

当猫咪渐入佳境，可能会开始轻轻咬你的手掌，而且一咬就停不下来。有时候猫咪自己也陶醉在撒娇的氛围里，不知不觉中就会用力过度。猫咪都是尖牙利齿，当你嚷着“好疼”抽回手的时候，要么就是有了牙印，要么就是已经伤痕累累了。

猫咪为什么咬人呢？虽然猫咪知道是在跟你玩耍，也知道不应该用力咬你，可是小猫跟猫妈妈玩的时候已经习惯了咬猫妈妈的玩耍方式。咬这个动作，其实与狩猎和争斗时的行为联系在一起，咬着咬着就会很容易忘乎所以地兴奋起来。

被咬到鲜血淋淋，好几天都不痊愈的事情也时有发生。如果这种情况放在猫妈妈身上，猫妈妈一定会龇牙怒喝“不可以！”一声出来，小猫马上就老实下来了。

多么痛的快乐啊！对于猫咪来说，想撒娇的时候能找到可以撒娇的对象很重要。既能排解自己的压力，也能感受到被宠爱，所以时不时地就让猫咪轻轻咬两口吧。

即使用逗猫棒玩耍，也会在不经意之间激发猫咪好逗的本能。当它露出尖牙利齿的时候，可以大喝一声让它冷静下来。

“叽叽歪歪干什么？”

一个大喷嚏也会被主子吼，顺应噪音是猫咪的神秘魔法

猫咪的听力卓越，对声音非常敏感，所以不喜欢听到忽然发出的巨响。如果身边忽然出现噪音，猫咪一定会全身做出反应，瞬间一个原地飞起。

有的猫咪敏感到对主人的喷嚏和咳嗽都有反应。主人打了一个大喷嚏，猫咪马上就会“呜呜呜”地抱怨几声（也会有收回下巴咔咔咔、咳咳咳的叫法）。

因为“阿秋”的喷嚏声和“咳咳咳”的咳嗽声都是空气中出现的急速摩擦音，这种声音与猫咪或者蛇发出的恐吓声非常接近，难免猫咪会大惊小怪。

对蝙蝠的谜之威胁。人类听不到的超声波，能触及猫咪恐怖而绝望的痛点。而人类的大喷嚏，也总能招致猫咪的反感。

可能猫咪只是想抱怨“你好吵啊！”，至于真相就无从得知了。

猫咪能够听到人类听不到的音域，其中对超声波非常厌恶。而人类则利用了猫咪的厌恶，开发出利用超声波驱赶猫咪的“防猫器”。据说猫咪无论如何都适应不了这种超声波，但除此之外它们对于声音的适应力还是非常强大的。无论是烦躁的吸尘器声、生涩的乐器弹奏声，还是工厂的巨大噪音……通常只要假以时日，猫咪都能甘之如饴。

也许正是因为如此，才能忍受日夜生活在你的身边吧。

“今天的手掌挺柔软啊！”

无论多相亲相爱的主子和铲屎官，也难以共同面对洗澡这个人间炼狱。做好万无一失的准备，避免血腥之灾。

“决定要洗澡的日子，要做好万无一失的准备，只是拜托不要洗太久哦！”

猫咪有每日舔毛的清洁习惯。很多人喜欢泡澡，无论多辛苦也想要泡进热水里洗涤一下身心。但是对于猫咪来说，每天的舔毛就已经足够了。

但是对于金吉拉等长毛猫来说，还是需要每天帮助它进行梳毛。如若不然很快就会出现毛疙瘩，那时候就很难清理了。

如果没有在小时候养成习惯，猫主子是很难接受因为洗澡、淋浴这样的事情打湿身体的。毕竟祖先万代都是生活在沙漠里，根本接受不了浑身湿淋淋这种事情。

所以啊，在洗澡那一天一定要用尽全身的力气拒绝和抵抗，大喊着：“我也不想去选秀，干吗要洗那么干净啊！”摆出誓死的决心跟铲屎官作斗争。在进入这种状态之前，铲屎官必须要戴上手套、穿好上衣，甚至戴上头盔以防不备。需要注意的是，即使你选择了猫咪专用沐浴露，也不能洗太长时间，否则猫咪皮肤表面的油脂过度流失，会导致皮肤干燥。同样，入浴后过度梳毛也会让皮肤变脆弱。

尽管如此，洗澡也好，梳毛也好，都请尽量在双方友好善意的状态下进行吧。好好洗个澡，可以缓解不少压力哦。

“喂，出来（猫声猫气的好言相劝）！”

“完全拒绝钻进猫咪包里去医院，简直对这个傻儿子没办法。”

禁止强迫。猫咪不喜欢被强迫，但这并不意味着你好说好商量就一定能得到理解。

特别是要让猫咪进到猫咪包里的时候，总是一场硬仗！只要掏出猫咪包，猫咪就会假装看不见一样悄咪咪躲起来。猫咪知道要出门，也知道大概是要去医院，所以才会彻头彻尾地进行抵抗！

听说“那里”是能给我治病的地方……虽然多少能理解，但是太讨厌那里的诊疗台和针头啦！所以坚决不会进到包包里！

后面！后面！在后面偷偷瞄着你呢！喵星人察觉到要出门，提前找地方藏匿起来啦。医院里没有美好的回忆，能躲就躲一躲吧。

虽然被捉到的一瞬间老实一下，但随后就会拼死拼活地伸腿踹，情急之下还会伸出前爪的指甲做最后的抵抗。尽管如此，最后指甲还不是会被一根一根摘下来！

到了医院以后，还会试图负隅顽抗。这一次，喵星人拒绝从包包里出来。就算整只猫被拎起来，也会把网兜挂在爪子上表明拒绝的姿态。一旦治疗结束，就会立即怂怂地钻回包包里。

忍得好辛苦！虽说如此，猫咪并不会忽然发出龇牙怒吼，也不会伸手要挠人。毕竟它也知道自己并没有“猫”身危险。好吧好吧，这时候喵星人心里最牵挂的就是回家能吃到什么美食吧。

肥胖是万病之源，人亦然、猫亦然

走两步“呼哧呼哧”，跳到地上“咚！”的一响，有很多家猫都会偏胖吧。略胖的身材，充满了浓浓的休闲风情，看起来圆润可爱。可是，从健康的角度来说，这可是大写的错误示范啊！身体发胖，就不便于运动；不运动，就会继续发胖……真是一个让人烦恼的死循环！到这个地步，就会给心脏、呼吸系统带来很多额外的负担，也会对支撑身体的关节造成不良影响。接下来，糖尿病等疾病也会找上门来。

肥胖的主要原因是饮食不当和缺乏运动。这一点，跟人类一模一样。为改善这种现象，首先要控制每日食量，然后一点一滴增加一起玩耍的时间。说到合适的饭量，我们可以根据猫咪身体的大小来决定。如果条件允许，可以一起到医院征求兽医的建议和指导。胖乎乎的猫咪，通常都很擅长催促铲屎官“上饭”。可一旦决心要减肥，请坚定地狠下心来吧。另一方面，还需要通过延长游戏时间的方式，来帮助猫咪消除压力。

养猫的人都知道，只要把猫咪喜爱的玩具放在它看得到的地方，它就会情不自禁地蠢蠢欲动，悄悄地靠近（虽说主人全部都看在眼里），然后一气呵成地飞身扑倒玩具。所以啊，我们不但可以如此增加游戏时间，也可以特意把猫粮放在猫咪能看到的地方，让它们在饭前也热热身、流流汗。

请尽量养成定期确认爱猫体重的习惯。比较适当的猫咪身材，应该是俯视看不到两侧膨出的腰身，侧看没有下垂的圆肚皮。否则，基本可以认为猫咪属于肥胖啦。称猫咪体重的时候，可以一人一猫一起称体重，然后减掉主人的体重。我们一起监督体重，双赢呢！

“样子有点奇怪呢！难道发烧了？”

肚皮趴在凉快的地方，一动不动，主人怎么叫它也不反应，呼吸还有点急促。如果猫咪明显的精神萎靡，恐怕就是发烧了。跟人类一样，猫咪也会在身体欠佳的时候发烧。可能是病毒感染，也可能是呼吸系统炎症，还可能是某种中毒，总之，可以考虑到很多原因。养猫的家庭可以常备猫咪专用体温计，以防不时之需。

如果家里没有准备猫咪专用体温计，也可以在紧急时刻用人的体温计。用保鲜膜包住体温计的探头，插入猫咪肛门 2~3cm 即可。猫咪正常的体温是 38~39℃，比人类略高。当实际体温上下浮动超过 1℃时，应该及时就医。

猫咪常见的肾脏、膀胱疾病

从身体结构上来说，猫咪比较容易患“下部尿路疾病”和“肾功能障碍”的疾病。所谓“下部尿路”，指的是从积攒尿液的膀胱开始，到把尿液排出体外的尿道为止的身体器官。这里的疾患统称为“下部尿路疾病”。其中最常见的就是膀胱发炎导致的“膀胱炎”、膀胱内出现结石导致的“尿结石”。尿结石堵塞尿道的时候，无法正常排尿，会导致 1 天之内就能夺去生命的重疾——“尿滴堵塞”。公猫比母猫的尿道更细，所以尿道更容易受伤，从而发生尿道堵塞的问题，需要主人多加注意。虽然母猫的尿道比公猫的粗，但是比较短，所以容易因为外部细菌入侵导致膀胱炎。

为预防下部尿路疾病，首先应该在饮食方面予以注意。食物中的矿物质，是尿结石的主要成分。虽说鲣鱼片是猫咪的心头好，但其中却含有大量钙、镁等矿物质元素。有的猫咪只要听到打开鲣鱼片袋子的声音就会飞奔而来，但是考虑到它们的健康，还是尽量不要喂食了吧。

喝水少，排尿就少，这也是引发尿结石的重要原因之一。主人应该多准备几个水碗，增加猫咪饮水的机会。还有就是及时清扫猫砂盆。如果因为“厕所太脏，不想使用”这样的原因，让猫咪不得不憋尿的话，也很有可能会导致膀胱炎。

猫咪的寿命越长，越容易发生肾功能障碍的疾病。因为猫咪原本生活在沙漠地带，为了不浪费贵重的水资源，它们演化出了“尽量不排尿”的身体结构。可是排尿间隔越长，尿液越浓，就对肾脏的伤害越大。其实从猫咪出生开始，肾脏就处于全力以赴

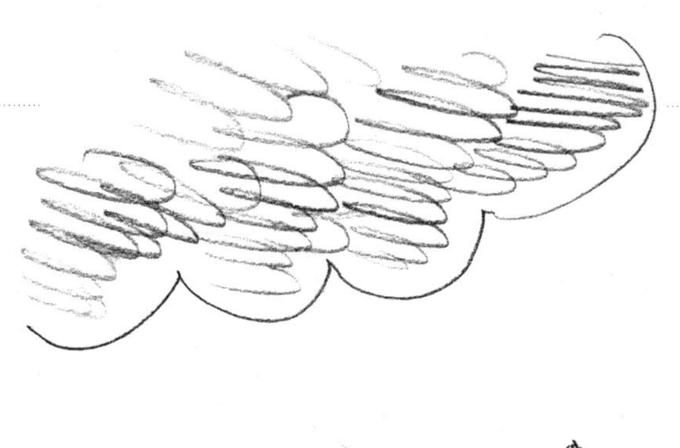

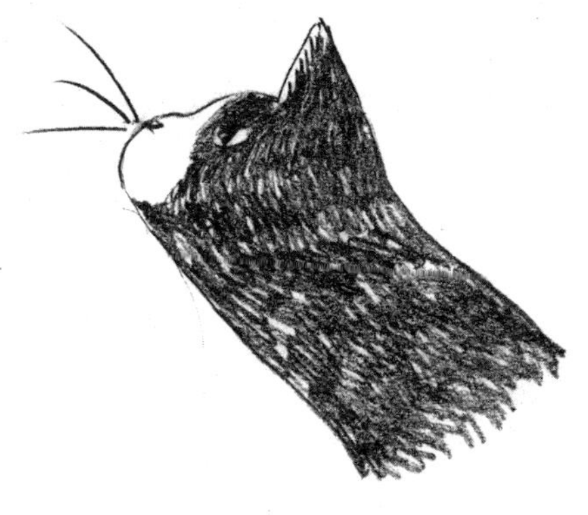

的工作状态，所以无论猫咪保养得多好，年纪大了也多多少少会出现肾脏的疾病。遗憾的是，只有肾脏衰竭到75%的时候，我们才能发现轻微的症状——例如猫咪开始大量喝水、频繁排尿、食欲降低、体重减轻等。虽然没办法完全避免，但只要从小时候开始大量饮水、稀释尿液，就能减少肾脏的负担。同时，还应该尽量避免富含矿物质的食物，起到延缓肾病发生时间的作用。

猫咪身体欠佳的原因还有很多很多，虽然只有最亲密的主人才能掌握到最真实的猫咪健康信息，但不要忘掉你的背后还有值得信任的兽医。在下文中，我们就来看看应该如何与兽医院紧密配合。

寻找猫咪兽医的方式

宠物医院数不胜数，猫咪心中只有自己的评价原则，所以主人不要一概而论地判断“这家医院的医生好”。请先从以下几方面来进行判断吧。

① 前台的接待是否亲切，院内是否整洁

进入医院的一瞬间，这两点就能一目了然了。也可以提前电话咨询，感受一下医院接待患者的态度。如果院内不够干净整洁，有可能反而感染其他疾病。

② 兽医的讲解简单易懂

接下来，就是探病的内容。请留意医生是否会清晰明确地讲解每一个诊断步骤。主人需要正确地描述出猫咪真实的状态，所以日常对爱猫的观察很重要。

③ 是否赞成去别家医院复查

根据猫咪实际的状态，有时候兽医无法一个人做出确切的判断。这时候就需要参考其他医生的意见了。这种情况下，医生设身处地地去考虑主人焦虑的心情，才能爽快地同意主人带猫咪去其他医院复查。能及时处理紧急病症、向猫咪主人推荐其他可靠的宠物医院的兽医，更加值得信赖。

除此之外，尽量不要选择距离家庭住址太远的医院。特别推荐定期去医院做体检，这样才能良好地掌握猫咪的健康状况，起到预防疾病、早期防治的目的。体检以外，有些宠物医院还提供修剪指甲、洗澡、临时托管的服务，主人可以根据需要选择服务项目。如果猫咪、主人和兽医之间建立起良好的互信关系，在紧急时刻猫咪才能放心地把自己托付给兽医。

篇尾语

铲屎官不在身边的时候，喵主子在做什么呢？

有的铲屎官好奇猫咪自己在家都会做些什么，于是在家里安装了摄像头。结果却发现好像猫咪游游荡荡，好像也没做什么。哦，铲屎官不在家也是这样一副傲娇的态度啊，好像并没有什么背着人的事情，总算放心了。

其实你不知道，猫咪在等你回家。只要你在身旁，猫咪就会油然升起一种自己是征服者的满足感。

话说回来，要是偶尔回家晚了，猫咪没准儿会在家里大闹天宫呢。隔断也推倒了，窗帘也拽掉了，花瓶也摔碎了……惨不忍睹！可能主子这么闹一下就神清气爽了，只留下你站在门口目瞪口呆。还是不能留主子自己在家啊，略绝望。

明明喜欢独处，怎么让你在家待一会儿就闹翻天了呢？作为铲屎官，你是不安还是不满？其实啊，为了让主子独守空闺的时候没那么寂寞，铲屎官需要把室内环境布置得更安全一点、更舒适一点。准备一些一只猫也能独自玩耍的玩具、道具，或者是能让主子钻进钻出的大纸箱也好。如果能在窗边搭建一个可以登高望远的猫架，就最理想了。

猫与人类的关系源远流长，但其实没有你在身边，它们也能生活得挺好吧。但是阅读了本书以后，你是否已经感受到喵主子只有对你才会产生林林总总的想法啊？能让主子的猫生更快乐、更幸福的人，就只有你啊！

野泽延行（NOZAWA NOBUYUKI）

1955 年生于东京，职业兽医。毕业于日本北里大学畜产学部兽医学科。在土生土长的西日暮里开办了野泽动物医院。积极对待谷中附近的野猫问题。著有《兽医先生的蒙古骑行》《如果生活里有一只喵》等作品，参与监修的作品有《同居生活的温馨提示》等。

图书在版编目（CIP）数据

你不懂猫咪：让猫咪变得更喜欢你的 73 种方法 /（日）野泽延行著；王春梅译．— 沈阳：辽宁科学技术出版社，2020.8
ISBN 978-7-5591-1610-9

Ⅰ．①你… Ⅱ．①野… ②王… Ⅲ．①猫—驯养 Ⅳ．① S829.3

中国版本图书馆 CIP 数据核字（2020）第 091220 号

出版发行：辽宁科学技术出版社
（地址：沈阳市和平区十一纬路 25 号 邮编：110003）
印 刷 者：辽宁新华印务有限公司
经 销 者：各地新华书店
幅面尺寸：145 mm × 210mm
印　　张：6
字　　数：100 千字
出版时间：2020 年 8 月第 1 版
印刷时间：2020 年 8 月第 1 次印刷
责任编辑：康　倩
封面设计：袁　舒
版式设计：解安琪
责任校对：徐　跃

书　　号：ISBN 978-7-5591-1610-9
定　　价：32.00 元

邮购电话：024-23284502
E-mail:987642119@qq.com